航空机械制图

主　编　李　涛　王　岩
副主编　许爱军　王　清
　　　　李　哲　蒋艳林
　　　　栾丽丽
参　编　吴　冬　张　鹏
　　　　宋　斌

U0234855

北京理工大学出版社
BEIJING INSTITUTE OF TECHNOLOGY PRESS

内 容 简 介

本书分为九个项目，主要介绍了制图的基本知识、尺规绘图及徒手绘制草图、正投影基础、基本几何体、组合体、机件常用表达方法、标准件与常用件、机械图样、其他工程图样等传统机械制图知识与方法。同时，为满足航空航天类专业对相关飞机制图知识的需要，书中引用了航空典型零件图作为任务拓展，并增加了焊接图画法、电气图画法、展开图画法等基础知识。本书在加强学生基础知识、拓宽学生知识面的基础上，立足于技术技能型应用人才培养需求，突出应用特色，内容精简，强化学生的识图、制图能力的培养。书后还编有附录，供查阅有关标准和数据使用。

本书可作为航空航天类专业机械制图课程的教材，也可作为航空航天类工程技术人员及有一定机械制图基础学习者的参考用书。

版权专有　侵权必究

图书在版编目（CIP）数据

航空机械制图 / 李涛，王岩主编. -- 北京：北京理工大学出版社，2022.7

ISBN 978-7-5763-0784-9

Ⅰ.①航…　Ⅱ.①李…②王…　Ⅲ.①航空－机械制图－高等学校－教材　Ⅳ.①V22

中国版本图书馆CIP数据核字（2021）第260968号

出版发行 / 北京理工大学出版社有限责任公司	
社　　址 / 北京市海淀区中关村南大街5号	
邮　　编 / 100081	
电　　话 / （010）68914775（总编室）	
（010）82562903（教材售后服务热线）	
（010）68944723（其他图书服务热线）	
网　　址 / http://www.bitpress.com.cn	
经　　销 / 全国各地新华书店	
印　　刷 / 河北鑫彩博图印刷有限公司	
开　　本 / 787毫米×1 092毫米　1/16	
印　　张 / 15	责任编辑 / 阎少华
字　　数 / 331千字	文案编辑 / 阎少华
版　　次 / 2022年7月第1版　2022年7月第1次印刷	责任校对 / 周瑞红
定　　价 / 72.00元	责任印制 / 王美丽

图书出现印装质量问题，请拨打售后服务热线，本社负责调换

前　言

　　本书结合航空航天类企业的实际需求，根据最新的《机械制图》《技术制图》等国家标准及行业标准，并汲取兄弟院校同类教材优点编写而成，力求满足高职高专、应用本科等职业教育人才培养目标对机械制图与识图的新要求。

　　本书分为九个项目，主要介绍了制图的基本知识、尺规绘图及徒手绘制草图、正投影基础、基本几何体、组合体、机件常用表达方法、标准件与常用件、机械图样、其他工程图样等传统机械制图知识与方法。同时，为满足航空航天类专业对相关飞机制图知识的需要，书中引用了航空典型零件图作为任务拓展，并增加了焊接图画法、电气图画法、展开图画法等基础知识。本书在加强学生基础知识、拓宽学生知识面的基础上，立足于技术技能型应用人才培养需求，突出应用特色，内容精简，强化学生的识图、制图能力培养。

　　根据机械制图课程的特点，本书采用双色印刷，以使学生能够更直观地了解零件结构，理解作图过程。本书将现代化的教学手段与传统教学相结合，采用数字化技术将动画、微课和视频等信息化教学资料立体化地展现给学习者，学生可以通过扫码学习相关知识，动态了解作图方法和过程，可视性强，便于学生课内课外学习，线上线下学习。

　　本书由长沙航空职业技术学院李涛、辽宁机电职业技术学院王岩担任主编；五七一二飞机制造有限公司许爱军，长沙航空职业技术学院王清、李哲、蒋艳林，吉林通用航空职业技术学院栾丽丽担任副主编；西安航空职业技术学院吴冬、湖北交通职业技术学院张鹏、张家界航空工业职业技术学院宋斌参与编写。李涛编写项目一、项目八，栾丽丽编写项目二、项目三，吴冬、张鹏、宋斌编写项目四、项目七，王清、李哲、蒋艳林编写项目五、项目六，许爱军编写项目九。全书由李涛、王岩统稿及审定。

　　由于编者水平所限，书中难免存在一些不足、错误和缺陷，敬请广大读者批评指正。

编　者

目 录 Contents

05

06

07

08

09

項 目 一

01 制图的基本知识

任务　认识机械图样

【任务描述】

通过认识图 1-1 所示锥形塞零件图和图 1-2 所示旋塞装配图中所包含的内容，熟悉国家标准的有关规定。

【相关知识】

■ 一、图样的基本概念

图样（俗称图纸）由图形、符号、文字和数字等组成，是表示设计意图和制造要求及交流经验的技术文件，常被称为工程界的语言。

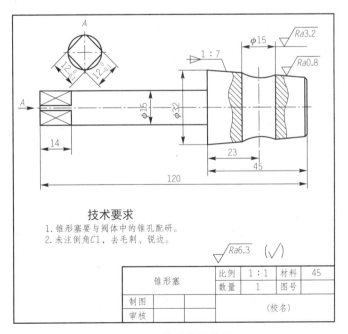

图 1-1　锥形塞零件图

不同性质的生产部门，对图样有不同的要求和名称，如机械图样、建筑图样、水利工程图样等。

用于表示机器、仪器等的图样，称为机械图样。图1-1所示为表达单个机械零件的图样，称为零件图；图1-2所示为机器（部件或组件）的图样，称为装配图。它们分别承载了单个零件和一部机器（部件或组件）在制造、检验、装配、调试、使用等方面的所有信息。

图样是工程界的共同语言，为了便于指导生产和对外进行技术交流，国家标准对图样的图幅、比例、图线、字体和尺寸等作了相关的规定。

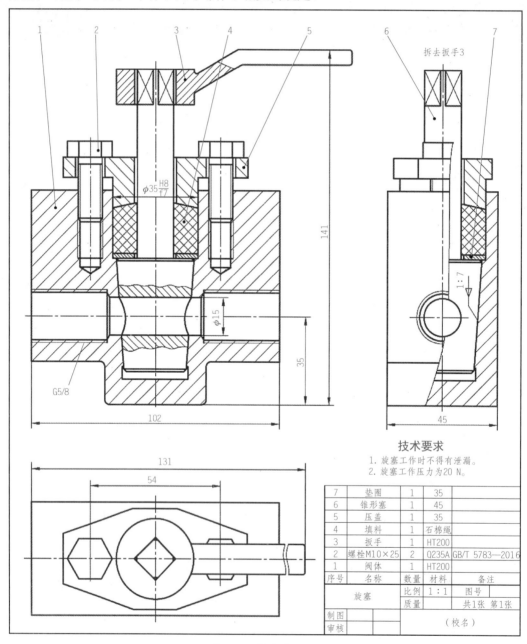

图1-2 旋塞装配图

7	垫圈	1	35	
6	锥形塞	1	45	
5	压盖	1	35	
4	填料	1	石棉绳	
3	扳手	1	HT200	
2	螺栓M10×25	2	Q235A	GB/T 5783—2016
1	阀体	1	HT200	
序号	名称	数量	材料	备注

旋塞	比例	1:1	图号	
	质量		共1张 第1张	
制图				
审核		（校名）		

■ 二、图样的有关标准规定

国家标准（简称国标）的代号是"GB"，如 GB/T 14689—2008，其中 GB/T 表示推荐性标准，14689 是标准编号，2008 是发布年号。如果不写年号，表示最新颁布实施的国家标准。

图幅、比例、图线、字体等的基本规定如下：

1. 图纸幅面及格式（GB/T 14689—2008）

（1）图纸幅面尺寸。绘制技术图样时，应根据机件的大小和复杂程度选用合适的图纸幅面，优先采用表 1-1 中所规定的 5 种基本幅面。必要时可选用加长幅面，加长幅面尺寸是由基本幅面的短边成整数倍增加后得出的。

图幅及格式

表 1-1　图纸幅面尺寸和图框尺寸　　　　　　　　　　　　　　mm

幅面代号	A0	A1	A2	A3	A4
尺寸（$B×L$）	841×1 189	594×841	420×594	297×420	210×297
e	20			10	
c	10			5	
a	25				

图 1-3 中粗实线所示为基本幅面（第 1 选择）；细实线所示为加长幅面（第 2 选择），如 A3×3（420×891）、A3×4、A4×3、A4×4、A4×5；虚线所示为加长幅面（第 3 选择），如 A0×2（1 189×1 682）、A1×4（841×2 378）等。

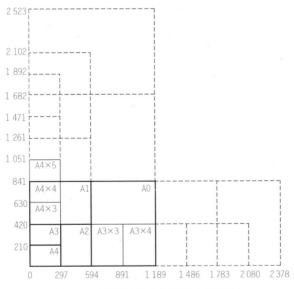

图 1-3　图纸的基本幅面和加长幅面

（2）图框格式。在图纸上必须用细实线画出表示图幅大小的纸边界线，用粗实线画出图框，其格式分为不留装订边和留有装订边两种。留有装订边的图样，其图框格式如图 1-4 所示，边框有 a（装订边）和 c 两种尺寸；不留装订边的图样，其图框格式如图 1-5 所示，边框只有一种 e 尺寸。a、c、e 的尺寸见表 1-1。装订时，一般采用 A4 幅面竖装或 A3 幅面横装。

3

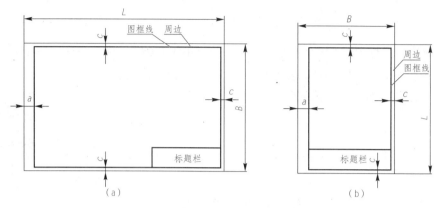

图 1-4　有装订边图纸的图框格式

（a）图纸横放；（b）图纸竖放

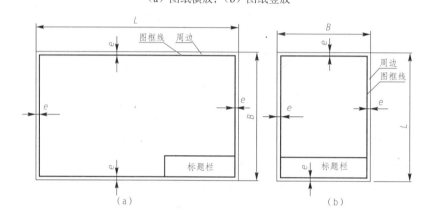

图 1-5　无装订边图纸的图框格式

（a）图纸横放；（b）图纸竖放

为了使图样复制和缩微摄影时定位方便，应在图纸各边长的中点处分别画出对中符号，对中符号用粗实线绘制，长度从纸边界线开始至伸入图框内约 5 mm，如图 1-6 所示。

若使用预先印制的图纸时，为了明确绘图和看图方向，应在图纸的下边对中符号处画出一个方向符号，如图 1-6 所示。

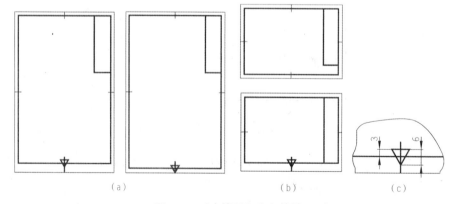

图 1-6　对中符号和方向符号

（a）图纸竖放；（b）图纸横放；（c）方向符号

（3）标题栏。绘图时，必须在每张图样的右下角绘制标题栏，如图 1-4 或图 1-5 所示，此时，看图方向应和标题栏中的文字方向一致。

标题栏的格式由国家标准《技术制图 标题栏》（GB/T 10609.1—2008）作了统一规定，如图 1-7 所示。在学校制图作业中，建议采用图 1-8 所推荐的格式。标题栏的外框线用粗实线绘制，里面表格线用细实线绘制。

标题栏

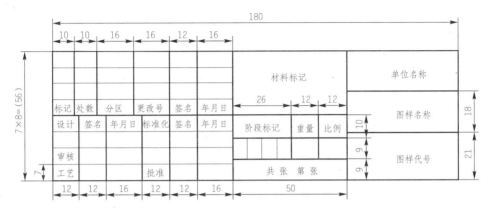

图 1-7　国家标准中的标题栏格式

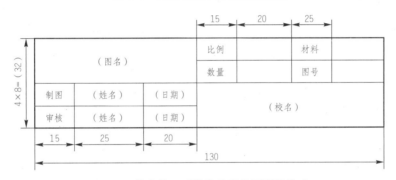

图 1-8　学生学习时推荐使用的标题栏格式

2．比例（GB/T 14690—1993）

图样的比例是图中图形与其实物相应要素的线性尺寸之比。

原值比例即比值为 1 的比例，为了能从图样上得到实物大小的真实概念，尽量采用原值比例。特殊情况下，根据机件大小和复杂程度可采用放大或缩小比例。放大比例即比值大于 1 的比例；缩小比例即比值小于 1 的比例。绘制图样时，一般应从表 1-2 规定的系列中选取相应的比例。

比例

表 1-2　比例

种类	比例
原值比例	$1:1$
放大比例	$5:1$　$2:1$　$5\times10^{n}:1$　$2\times10^{n}:1$　$1\times10^{n}:1$
缩小比例	$1:2$　$1:5$　$1:10$　$1:2\times10^{n}$　$1:5\times10^{n}$　$1:1\times10^{n}$
注：n 为正整数。	

无论采用放大或缩小比例，图样中所标注的尺寸必须是机件的真实尺寸，与图样的准确程度和比例大小无关。图1-9表示同一机件采用不同比例所绘制的图形。

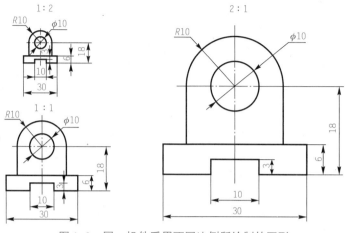

图1-9　同一机件采用不同比例所绘制的图形

3．图线及其画法（GB/T 4457.4—2002）

（1）图线的线型及应用。国家标准《机械制图 图样画法 图线》（GB/T 4457.4—2002）中提供了9种图线，其代码、线型、名称、线宽及应用示例见表1-3和表1-4，并如图1-10所示。

表1-3　图线中的线素长度

线素	线型	线素长度	示例
点	点画线、双点画线	≤ 0.5d	
短间隔	虚线、点画线	3d	
画	虚线	12d	
长画	点画线、双点画线	24d	

表1-4　机械图样中常用的图线

图线名称	线　型	图线宽度	主要用途
粗实线	————————	d	可见轮廓线、剖切符号线等
细实线	————————	$d/2$	过渡线、尺寸线、尺寸界线、剖面线、引出线、作图辅助线等
波浪线	〜〜〜〜〜	$d/2$	断裂处的边界线、视图与剖视图的分界线
双折线	—⌇—⌇—⌇—	$d/2$	
细虚线	- - - - - - -	$d/2$	不可见轮廓线
粗虚线	▬ ▬ ▬ ▬	d	允许表面处理的表示线
细点画线	—·—·—·—	$d/2$	轴线、对称中心线、剖切线等
粗点画线	▬·▬·▬·	d	限定范围表示线
双点画线	—··—··—	$d/2$	假想形体轮廓线、中断线、轨迹线等

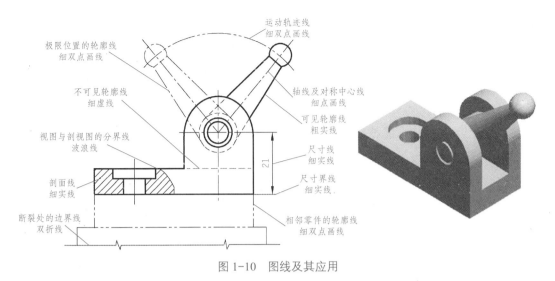

极限位置的轮廓线
细双点画线

运动轨迹线
细双点画线

不可见轮廓线
细虚线

轴线及对称中心线
细点画线

可见轮廓线
粗实线

视图与剖视图的分界线
波浪线

尺寸线
细实线

剖面线
细实线

尺寸界线
细实线

断裂处的边界线
双折线

相邻零件的轮廓线
细双点画线

图 1-10　图线及其应用

（2）图线的尺寸。机械图样采用粗、细两种线宽。在实际应用时，粗线宽度 d 优先采用 0.5 mm 或 0.7 mm，细线宽度为粗线宽度的 1/2。

图线宽度 d 的推荐系列为 0.13、0.18、0.25、0.35、0.5、0.7、1、1.4、2（mm）。虚线、点画线、双点画线的长度、间隔见表 1-3。

（3）图线画法注意事项。

图线

① 在同一图样中，同类图线的宽度应基本一致。虚线、点画线及双点画线的线段长度和间隔应各自大致相等。特别需要注意的是，图线在接头（相接、相交、相切）处的正确画法。

② 画圆的中心线时，点画线的两端应超出轮廓线 2～5 mm；首末两端应是线段而不是短画；圆心应是线段的交点，尺寸较小的圆的中心线可用细实线代替。

③ 两平行线（包括剖面线）之间的距离不小于粗实线的两倍宽度，其最小距离不得小于 0.7 mm。

④ 当虚线在实线的延长线上时，实线应画到分界点，而虚线与分界点之间应留出间隙。当虚线圆弧与虚线直线相切时，虚线圆弧的线段应画到切点处，虚线直线至切点之间应留出空隙。

⑤ 虚线或点画线与其他图线相交时，应在线段处相交，而不是在间隙或短画处相交。

⑥ 当有两种或更多的图线重合时，通常按图线所表达对象的重要程度选择，绘制顺序为可见轮廓线、不可见轮廓线、尺寸线、各种用途的细实线、轴线和对称中心线、假想线。正确绘制图线的方法如图 1-11 所示。

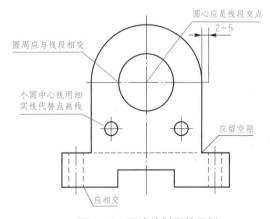

圆心应是线段交点
2～5

圆周应与线段相交

小圆中心线用细实线代替点画线

应留空隙

应相交

图 1-11　正确绘制图线示例

4. 图样中的字体（GB/T 14691—1993）

图样上除绘制机件的图形外，还要用文字来填写标题栏、技术要求等；用数字来标注尺寸等，显然文字、数字和字母也是图样的重要组成部分。

字体

（1）汉字。汉字应写成长仿宋体（直体），并采用国家正式公布推行的简化字，汉字的高度 h 不应小于 3.5 mm，其字宽一般为 $h/\sqrt{2}$。

字体的号数，即字高 h（单位为 mm），其公称尺寸系列分别为 1.8、2.5、3.5、5、7、10、14、20（mm）。如需要书写更大的字，其字体高度按 $\sqrt{2}$ 比率递增，汉字书写示例如下：

10 号字

字体工整　笔画清楚　间隔均匀　排列整齐

7 号字

横平竖直注意起落结构均匀填满方格

5 号字

技术制图机械电子汽车航空船舶土木建筑矿山井坑港口纺织服装

（2）字母和数字。字母和数字分为 A 型和 B 型两种。A 型字体的笔画宽度为字高的 1/14；B 型字体的笔画宽度为字高的 1/10。

字母和数字可写成斜体或直体，斜体字字头向右倾斜，与水平线约成 75°。在同一张图样上，只允许选用一种形式的字体。

用作指数、分数、极限偏差、注脚等的数字及字母，一般应采用小一号的字体书写。字母、数字及其他符号混合书写的应用示例如图 1-12 所示。

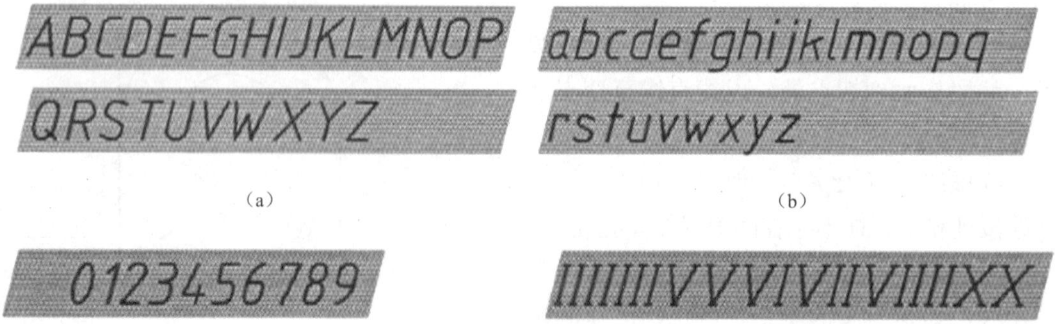

ABCDEFGHIJKLMNOP

QRSTUVWXYZ

（a）

abcdefghijklmnopq

rstuvwxyz

（b）

0123456789

（c）

IIIIIIIVVVIVIIVIIIIXX

（d）

图 1-12　字母、数字写法示例

（a）大写斜体字母；（b）小写斜体字母；
（c）斜体数字；（d）斜体罗马数字

（3）字体与图幅之间的选用关系见表1-5。

表1-5　表字体与图幅之间的选用关系

字符类别	图幅				
	A0	A1	A2	A3	A4
	字体高度 h				
字母与数字	5			3.5	
汉字	7			5	

注：h—汉字、字母和数字的高度。

5．标注尺寸的基本知识（GB/T 4458.4—2003，GB/T 16675.2—2012）

（1）基本规则。

①机件的真实大小应以图样上所注的尺寸数值为依据，与图形的大小及绘图的准确度无关。

②图样中所注的尺寸，为该图样所示机件的最后完工尺寸，否则应另加说明。

③对于机械图样（包括技术要求和其他说明）中的直线尺寸，规定以 mm 为单位，不需再在尺寸数字后面标注其计量单位的代号或名称，如果采用其他单位时，则必须注明相应计量单位的代号或名称。

尺寸标注的
基本规则

④机件的每一个尺寸，一般只标注一次，并应标注在反映该结构最清晰的图形上。

（2）尺寸的组成。图样上标注的尺寸，一般由尺寸界线、尺寸线及尺寸线终端（箭头或斜线）和尺寸数字组成，如图1-13所示。

①尺寸界线。尺寸界线用来表示所注尺寸的范围，一般用细实线绘制，从图形中的轮廓

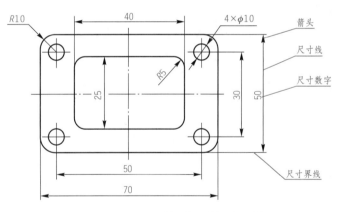

图1-13　尺寸组成及其标注示例

线、轴线或对称中心线引出，也可直接用轮廓线、轴线或对称中心线作为尺寸界线，如图1-13所示。

尺寸界线一般应与尺寸线垂直，外端应超出尺寸线 2～5 mm。

②尺寸线及尺寸线终端。尺寸线画在尺寸界线之间，必须用细实线单独绘制，不得用其他图线代替，也不得与其他图线重合或在其他图线的延长线上。

标注线性尺寸时，尺寸线必须与所标注的线段平行。相互平行的尺寸线，为避免尺寸界线与尺寸线交叉，应大尺寸在外，小尺寸在内，且平行尺寸线间的间距尽量保持一致，一般为7～10 mm。在圆或圆弧上标注直径或半径时，尺寸线一般应通过圆心或使延长线通过圆心。

尺寸线的终端有箭头和45°斜线两种形式，如图1-14所示。箭头适应各种类型的图

样，同一张图样只能采用一种尺寸线终端形式。一般机械图样的尺寸线终端画箭头，如图 1-14（a）所示；土建图样的尺寸线终端画 45°斜线，如图 1-14（b）所示。

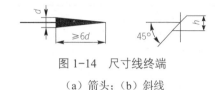

图 1-14 尺寸线终端

（a）箭头；（b）斜线

③尺寸数字。尺寸数字用于表示尺寸度量的大小。注写线性尺寸数字时；一般水平尺寸字头朝上，数字注写在尺寸线的上方，也允许注写在尺寸线的中断处；垂直方向的尺寸数字应注写在尺寸线的左侧，字头朝左；倾斜方向的尺寸数字，应保持字头向上的趋势。角度数字一般都按照字头朝上水平书写。

尺寸数字不能被任何图线通过，否则应将该处图线断开。常见尺寸的标注示例见表 1-6。

表 1-6 常见尺寸的标注示例

标注内容	示 例	说 明
线性尺寸的数字方向	（图示）（a）（b）	线性尺寸数字应按图（a）所示的方向注写，并尽可能避免在图示 30°范围内标注尺寸，无法避免时，可按图（b）的形式标注
角度	（图示）	（1）尺寸的数字一律水平书写。一般注写在尺寸线的中断处，必要时允许写在外面，或引出标注。（2）尺寸界线必须沿径向引出；尺寸线画成圆弧，圆心是该角的顶点
圆和圆弧	（图示）	圆的直径尺寸和圆弧的半径尺寸一般应按图示例标注。直径或半径尺寸数字前应分别注写符号"ϕ"或"R"，大圆弧采用折弯标注

标注内容	示 例	说 明
球面	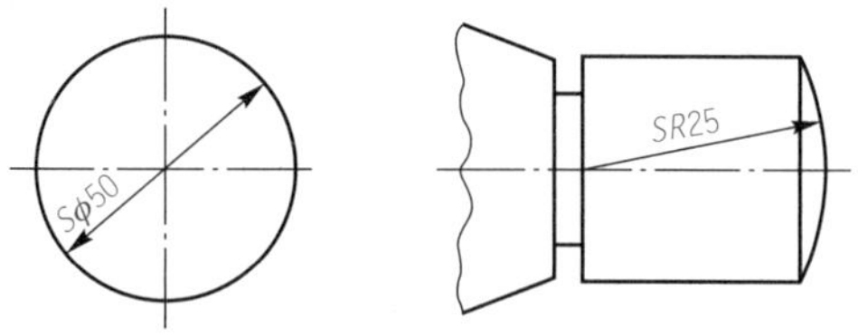	与标注圆和圆弧的尺寸相类似，标注球面尺寸时，只需在 ϕ 或 R 的前面加"S"，如图所示。在不致引起误解时，"S"也可省略
弦长和弧长	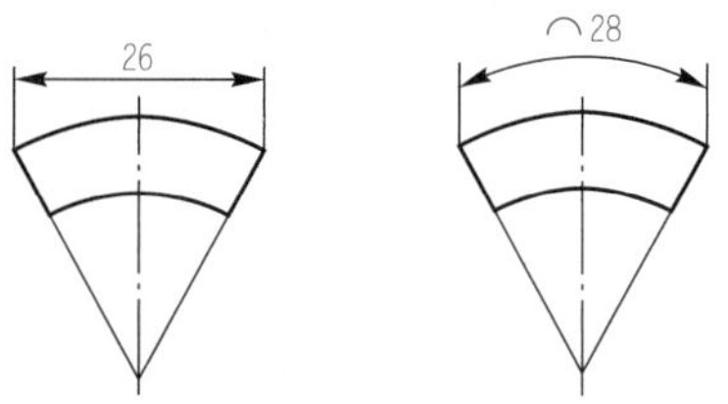 (a)　　(b)	标注弦长和弧长尺寸时，其尺寸界线应平行于弦的垂直平分线。标注弧长尺寸时，其尺寸线用圆弧画出（与被注圆弧同半径），并在尺寸数字前加注弧长符号，如图所示
狭小尺寸	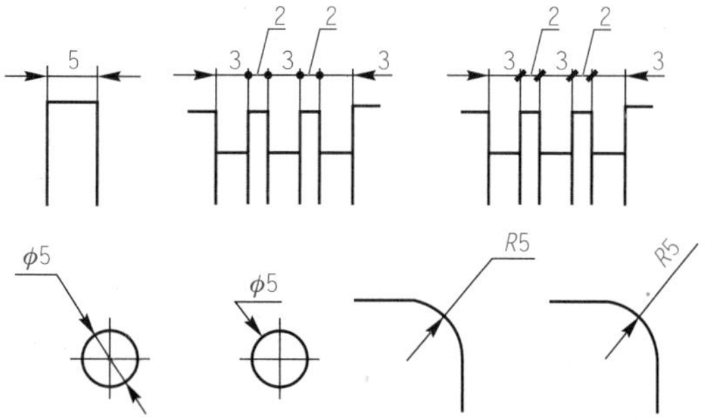	（1）当没有足够位置画箭头或写数字时，可有一个布置在外面。 （2）位置更小时，箭头和数字可以都布置在外面。 （3）狭小部位标注尺寸时，可用圆点或斜线代替箭头

尺规绘图及徒手绘制草图

仪器绘图是借助绘图仪器和工具，准确地绘制图样。而不借助绘图仪器和工具，用目测比例徒手画出的图样称为草图。草图是测绘机器、技术交流或创意构思时常用的绘图方法，也是工程技术人员必须掌握的基本技能。徒手绘制的草图虽不能保持图样和实物之间各部分的比例完全一致，但应尽量使两者相差不大，并且要求图形正确、线型粗细分明、字体工整、图面整洁。

任务一　绘制螺母的平面图形

【任务描述】

用尺规绘制如图2-1（a）所示六角开槽螺母的平面图形。

【任务分析】

图2-1（b）所示为六角开槽螺母的平面图形，由正六边形和其他图形组成。画出正六边形后，其他图形就容易画出。本任务主要学习正确使用绘图工具来完成常见几何图形的绘制。

【相关知识】

1. 常用绘图工具及使用方法

常用的绘图工具有图板、丁字尺、三角板和绘图仪器等。正确熟练地使用绘图工具，掌握正确的绘图方法，既能保证绘图质量，又能提高绘图速度。表2-1所示为最常用的绘图工具及其使用方法。

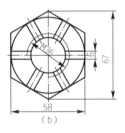

（a）

（b）

图2-1　六角开槽螺母

（a）立体图；（b）平面图形

表 2-1　绘图工具及仪器的使用方法

名称	图例	使用方法说明
铅笔	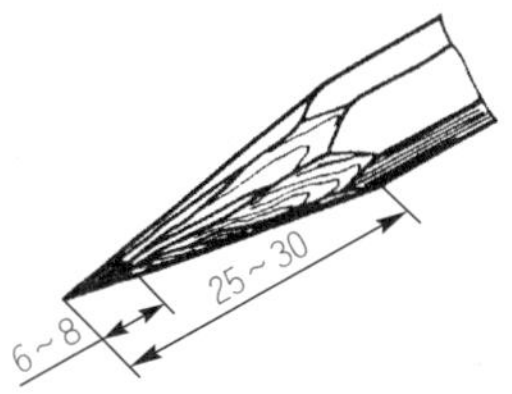 （a）磨成锥形 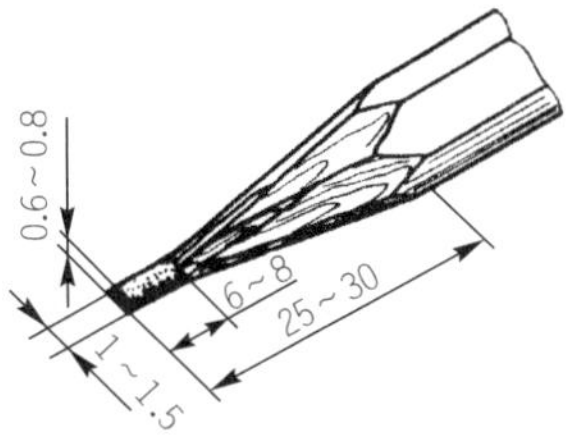　（b）磨成矩形 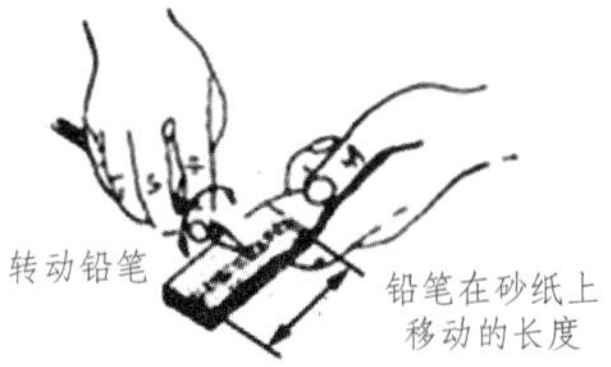　（c）铅笔的磨法	绘图铅笔的铅芯有软硬之分，用标号"B""HB"或"H"表示。B 的号数越大则越软，H 的号数越大则越硬，HB 表示软硬适中的铅芯。 画粗实线常用 B 或 2B 铅笔；画细线和写字时，常用 H 或 HB 铅笔；画底稿时常用 2H 铅笔。铅笔的削法如图所示
图板及丁字尺	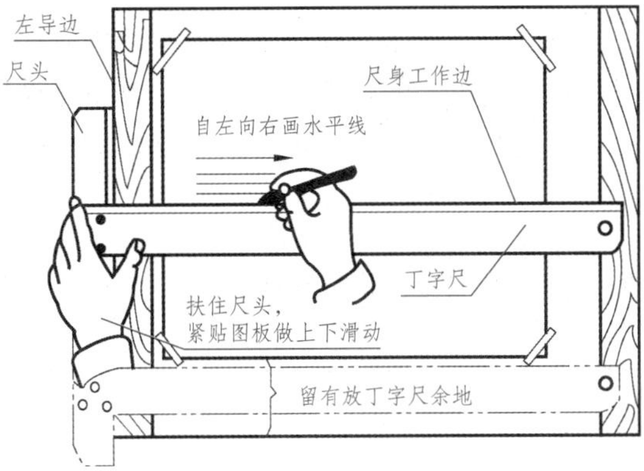	图板用于铺放图纸，表面平整光洁，左、右侧工作边应平直。 丁字尺由尺头和尺身组成。尺身的工作边一侧有刻度，便于画线时度量。使用时，将尺头内侧紧贴图板的左侧工作边上下移动，沿尺身上边可画出一系列水平线，如图所示
三角板	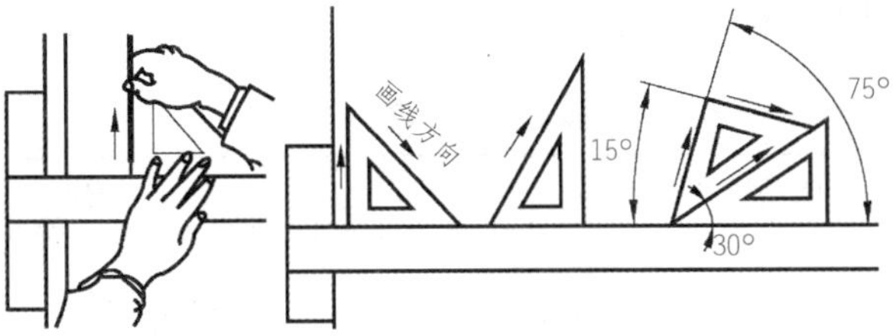 （a）三角板与丁字尺的配合使用 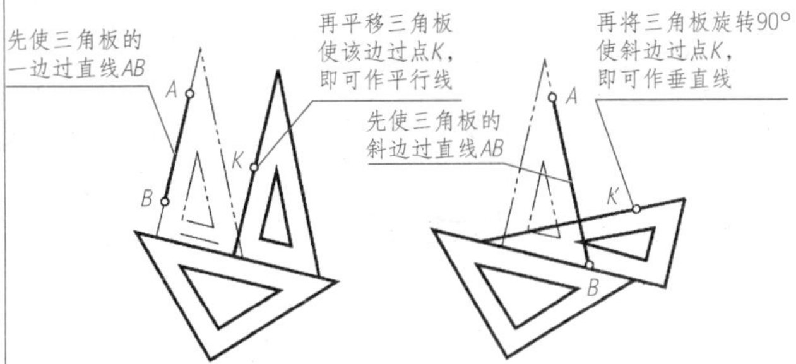　（b）一副三角板的配合使用	三角板由两锐角 45°和两锐角 30°、60°各一块组成一副。三角板与丁字尺配合使用，可画出垂直线（自下而上画出）和与水平方向成 15°整倍数的斜线。一副三角板配合使用，可画出已知直线的平行线或垂直线

图例说明中的标注：
- 6~8　25~30
- 0.6~0.8　1~1.5　6~8　25~30
- 转动铅笔　铅笔在砂纸上移动的长度
- 左导边　尺头　尺身工作边　自左向右画水平线　丁字尺　扶住尺头，紧贴图板做上下滑动　留有放丁字尺余地
- 画线方向　75°　15°　30°
- 先使三角板的一边过直线 AB　再平移三角板使该边过点 K，即可作平行线　再将三角板旋转90°使斜边过点 K，即可作垂直线　先使三角板的斜边过直线 AB

13

名称	图例	使用方法说明
圆规	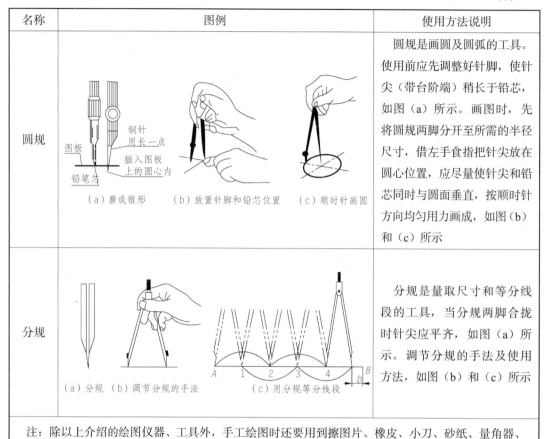（a）磨成锥形　（b）放置针脚和铅芯位置　（c）顺时针画圆	圆规是画圆及圆弧的工具。使用前应先调整好针脚，使针尖（带台阶端）稍长于铅芯，如图（a）所示。画图时，先将圆规两脚分开至所需的半径尺寸，借左手食指把针尖放在圆心位置，应尽量使针尖和铅芯同时与圆面垂直，按顺时针方向均匀用力画成，如图（b）和（c）所示
分规	（a）分规　（b）调节分规的手法　　（c）用分规等分线段	分规是量取尺寸和等分线段的工具，当分规两脚合拢时针尖应平齐，如图（a）所示。调节分规的手法及使用方法，如图（b）和（c）所示

注：除以上介绍的绘图仪器、工具外，手工绘图时还要用到擦图片、橡皮、小刀、砂纸、量角器、小刷、胶带纸等。

2. 等分圆周和正多边形

等分圆周和正多边形的作图方法见表 2-2。

表 2-2　等分圆周和正多边形的作图方法

等分	作图步骤	说明
五等分（内接正五边形）	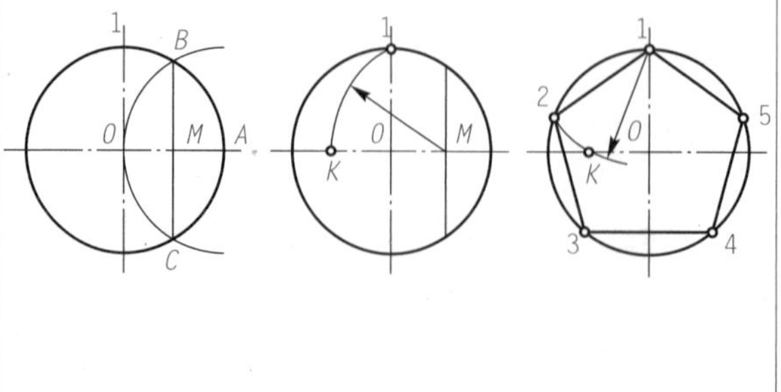	（1）以 A 为圆心，OA 为半径，画弧交圆于 B、C 两点，连 BC 得 OA 的中点 M； （2）以 M 为圆心，M1 为半径画弧，得交点 K，1K 线段长为所求五边形边长； （3）用 1K 长自 1 点起截圆周得 2、3、4、5 点，依此连接，即得正五边形

等分	作图步骤	说明
六等分（内接正六边形）	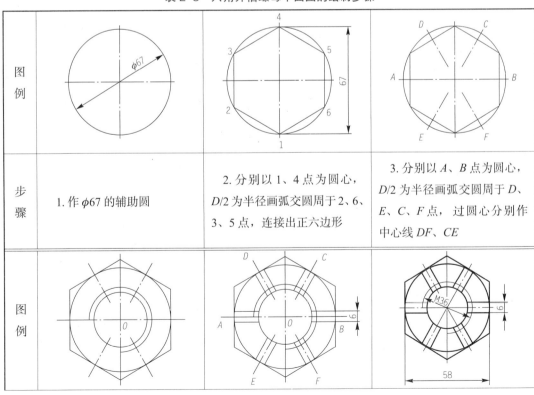 方法一　　　　　方法二	方法一： 　分别以 *A* 和 *B* 为圆心，以圆半径为半径画圆圆弧，交圆周于 1、2、3、4 四点，连接 1、2、*B*、3、4、*A*、1，即得正六边形。 方法二： （1）用 60° 三角板自 1 点作弦 12，右移三角板自 5 点作弦 45。翻转三角板再作出 34、16 两弦。 （2）作出 23、56 两弦，即得正六边形

【任务实施】

图 2-1 所示六角开槽螺母平面图形的绘制步骤见表 2-3。

绘制螺母的平面图形

表 2-3　六角开槽螺母平面图的绘制步骤

图例	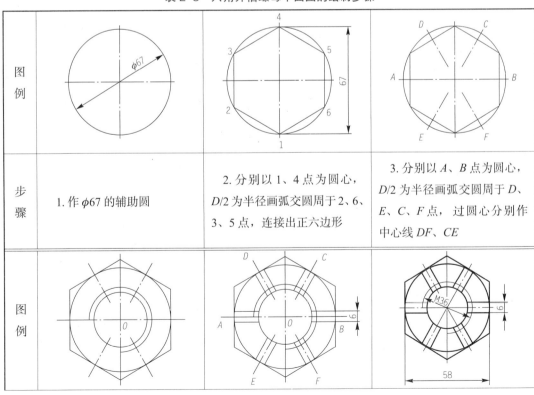		
步骤	1.作 *φ*67 的辅助圆	2.分别以 1、4 点为圆心，*D*/2 为半径画弧交圆周于 2、6、3、5 点，连接出正六边形	3.分别以 *A*、*B* 点为圆心，*D*/2 为半径画弧交圆周于 *D*、*E*、*C*、*F* 点，过圆心分别作中心线 *DF*、*CE*
图例			

步骤	4. 以 O 点为圆心，分别作出正六边形的内切圆；作 $\phi30.6$ 的整圆和 $\phi36$ 的 3/4 的细实线圆	5. 分别以中心线 AB、CE、DF 为基准，作间距为 6 mm 的平行线	6. 去掉多余辅助线，标注尺寸，加深，完成作图

任务二　绘制手柄的平面图形

【任务描述】

用尺规绘制如图 2-2（a）所示手柄的平面图形并标注尺寸。

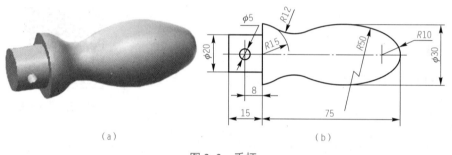

（a）　　　　　　　　　　　　　　　　　　　　（b）

图 2-2　手柄

（a）立体图；（b）平面图形

绘制手柄的平面
图形

【任务分析】

图 2-2（b）所示为手柄的平面图形，由直线、圆弧等线段连接而成，必须运用圆弧连接的作图方法才能完成。本任务主要学习和掌握圆弧连接的画法。

【相关知识】

在零件上，常常会有由一表面（平面或曲面）光滑地过渡到另一表面的情况，这种过渡称为面面相切，而反映到投影图上，为线段（曲线与直线、曲线与曲线）相切，这种相切称为连接，而用于连接的圆弧就是连接弧，切点即连接点。要保证线段的光滑连接，就必须要求出连接弧的圆心和连接点。

常见圆弧连接的类型及作图方法见表 2-4。

表 2-4　圆弧连接

类别	圆弧 R 连接两已知直线	圆弧 R 连接两已知圆弧 R_1 和 R_2（外连接）
图例		
作图步骤	（1）分别作与两已知直线 ab、cd 距离为 R 的平行线 a_1b_1 和 c_1d_1，其交点 O 即为连接圆弧圆心； （2）过 O 点分别作 ab、cd 的垂线，得垂足 T_1 和 T_2，即为连接点； （3）以 O 为圆心，R 为半径作圆弧 T_1T_2，即完成作图	（1）分别以 O_1、O_2 为圆心，$R+R_1$ 和 $R+R_2$ 为半径画圆弧得交点 O，O 即为连接圆弧圆心； （2）连线 OO_1、OO_2 与已知圆弧分别交于 T_1、T_2，即为连接点； （3）以 O 为圆心，R 为半径作圆弧 T_1T_2，即完成作图
类别	圆弧 R 连接两已知圆弧 R_1 和 R_2（内连接）	圆弧 R 连接已知圆弧 R_1 和直线
图例		
作图步骤	（1）分别以 O_1、O_2 为圆心，以 $\lvert R-R_1\rvert$ 和 $\lvert R-R_2\rvert$ 为半径画圆弧得交点 O，O 即为连接圆弧圆心； （2）连线 OO_1 和 OO_2 的延长线与已知圆弧分别交于 T_1、T_2，即为连接点； （3）以 O 为圆心，R 为半径作圆弧 T_1T_2，即完成作图	（1）作平行于已知直线 ab 距离为 R 的直线 a_1b_1； （2）以 O_1 为圆心，$R+R_1$ 为半径作圆弧与 a_1b_1 交于 O，O 即为连接圆弧圆心； （3）连线 OO_1 与已知圆弧交于 T_1 点；过 O 点作直线 ab 的垂线，得垂足 T_2，T_1、T_2 即为连接点； （4）以 O 为圆心，R 为半径作圆弧 T_1T_2，即完成作图

1. 平面图形的尺寸分析

尺寸是作图的依据，按其作用可分为定形尺寸和定位尺寸。

（1）定形尺寸用来确定图形中各几何元素的形状大小，如图 2-2（b）中所示的 $\phi20$、$R12$、$R50$、15 等。

（2）定位尺寸用来确定图形中各组成部分之间的相对位置，如图 2-2（b）中所示的 8 就是用于确定 $\phi5$ 小圆的位置。

分析尺寸时，常会见到同一尺寸既有定形尺寸的作用，又有定位尺寸的作用，在图 2-2（b）中，75 既是决定手柄长度的尺寸，又是 $R10$ 圆弧的定位尺寸。

标注平面图形的定位尺寸时，首先应确定尺寸基准。基准是测量和标注尺寸的起点。平面图形有水平和垂直两个方向的尺寸，每个方向都必须确定一个尺寸基准，通常选择对称图形的对称线、较大圆的中心线、较长的轮廓线作为尺寸基准。如图 2-2（b）中所示的水平基准为对称轴线，垂直基准为 $R15$ 的中心线。

2. 平面图形的线段分析

由平面图形的尺寸标注和线段间的连接关系，可将平面图形中的线段分为以下三种类型：

（1）已知线段。有齐全的定形尺寸和定位尺寸，作图时可直接按所给尺寸画出的线段，如图 2-2（b）中所示的 $\phi5$、$R10$ 和 $R15$。

（2）中间线段。缺少一个定位尺寸，必须依靠其一端与另一线段相切才能画出的线段，如图 2-2（b）中所示的 $R50$。

（3）连接线段。缺少两个定位尺寸，必须依靠线段的两端与另外两个线段相切才能画出的线段，如图 2-2（b）中所示的 $R12$。

画图时，应先画出已知线段，再画中间线段，最后画连接线段。

3. 绘图

手柄平面图形的绘制步骤见表 2-5。

表 2-5　手柄平面图形的绘制步骤

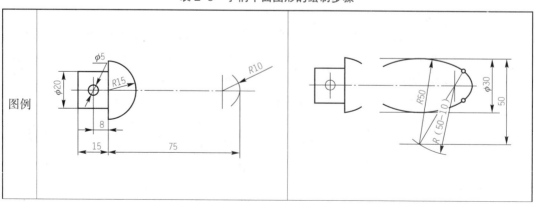

步骤	1. 首先画基准线，再画已知线段：先画 *R*15，再向左画 φ5 及 φ20，水平向右画 *R*10	2. 画中间线段：先画一条与 φ30 定位线相距为 50 的平行线，再以 *R*10 的圆心为圆心，*R*（50−10）为半径画弧，与平行线的交点即为 *R*50 的圆心，连接两圆心找切点，画 *R*50 的圆弧
图例	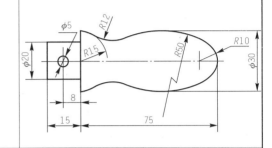	
步骤	3. 画连接线段 *R*12：以 *R*15 的圆心为圆心，*R*（15+12）为半径画弧，再以 *R*50 的圆心为圆心，*R*（50+12）为半径画弧，两弧交点即 *R*12 的圆心，再连接两圆心找切点，画弧连接	4. 擦去多余的辅助线，按线性要求加深，标注尺寸，完成手柄的平面图形

【知识拓展】

1. 椭圆的画法

用四心圆法画椭圆。将椭圆近似看作由四段圆弧连接而成，通过作图确定其圆心和半径，再画出四段圆弧，即近似椭圆。

已知椭圆的长轴 *AB* 和短轴 *CD*，如图 2-3 所示为四心圆法画椭圆的方法。

（1）连接 *A*、*C* 两点，*AC* 直线上取 $CE_1=OA-OC$；

（2）作直线 AE_1 的中垂线，与椭圆的两轴交于 O_1、O_2 点，再取其对称点 O_3、O_4；

（3）分别以 O_1、O_2、O_3、O_4 为圆心，以 O_1A、O_2C、O_3B、O_4D 为半径作圆弧，四段圆弧的连接点为 *K*、*N*、N_1、K_1。这四段圆弧即可拼成近似椭圆。

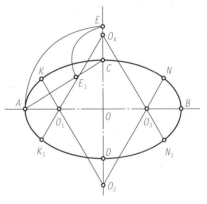

图 2-3　四心圆法画椭圆

2. 斜度

斜度是指一直线相对于另一直线或一平面相对于另一平面的倾斜程度，在图样中以 ∠1 : *n* 的形式标注。

图 2-4 所示是斜度∠1∶6 的作图方法及其注法：由 A 在水平线 AB 上取 6 个单位长度得 D 点，过 D 点作 AB 的垂线 DE，取 DE 为一个单位长度，连接 A、E。则直线 AE 相对于直线 AB 的斜度即 1∶6。标注斜度时，符号"∠"的指向应与被注要素的斜度方向一致。

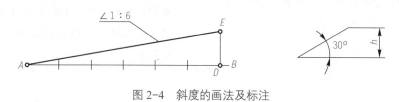

图 2-4　斜度的画法及标注

3. 锥度

锥度是指正圆锥的底圆直径与该圆锥的高度之比，在图样中以◁1∶n 的形式标注。

图 2-5 所示是锥度◁1∶6 的作图方法及注法：由 S 在水平线上取 6 个单位长度得 O 点，过 O 点作 OS 的垂线，并上下各截取半个单位长度，得 A、B 两点。用直线连接 A、S 和 B、S 即得。标注锥度时，符号"◁"的指向应与被注要素的锥度方向一致。

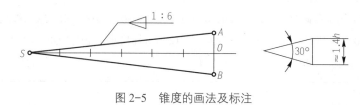

图 2-5　锥度的画法及标注

任务三　徒手绘制垫片草图

【任务描述】

如图 2-6 所示，徒手绘制垫片的平面图形。

【任务分析】

图 2-6 所示为垫片的平面图形，由水平和垂直方向的直线、倾斜直线及圆弧组成。徒手绘制该图形时，必须掌握徒手绘制各种线条的基本方法。

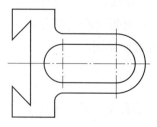

图 2-6　垫片的平面图形

徒手绘制的图样也称为草图，是以目测来估计物体的形状和大小，不借助绘图工具，徒手绘制的图样。工程技术人员常常需要用徒手绘图的方式迅速准确地表达自己的设计意图，或将所需的技术资料用草图迅速记录下来。所以，徒手绘制草图是工程技术人员必备的技能之一。

徒手绘制垫片草图

画草图的铅笔一般选用 HB 或 B。为了便于转动图纸顺手画成，提高徒手画图的效率，草图的图纸一般不固定。初学者可借助方格纸进行练习。

1. 直线的画法

如图 2-7 所示，徒手画直线时，手腕和手指微触纸面。画短线以手腕运笔；画长线时，移动手臂运笔，要目视笔尖运行的方向和终点，手指压住纸面，匀速运笔。必要时，可将长线分段画出。

画水平线时，应自左向右画成；画垂直线时，用手指和手腕配合自上而下运笔；画倾斜线时，通常旋转图纸或侧转身体顺手方向画线。

手握笔的位置应比用尺规画图时较高一些，这样有利于运笔和观察目标。笔杆与纸面约成 45°。

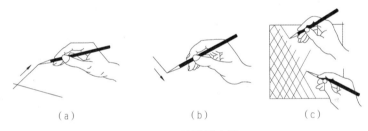

（a）　　　　　　　　（b）　　　　　　　　（c）

图 2-7　徒手画直线

（a）画水平线；（b）画垂直线；（c）画斜线

2. 圆的画法

画小圆时，可在中心线上按半径大小目测出 4 个点，然后徒手连成圆。画大圆时，除中心线外，可再过圆心画几条不同方向的直线，并在这些直线上按半径大小目测出若干个点，最后徒手连成圆，如图 2-8 所示。

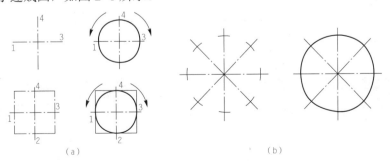

（a）　　　　　　　　　　　　　　　　（b）

图 2-8　徒手画圆

（a）画小圆；（b）画大圆

3. 曲线的画法

画圆角或圆弧连接的曲线时，可利用曲线与正方形、长方形、菱形相切的特点作图，如图 2-9 所示。

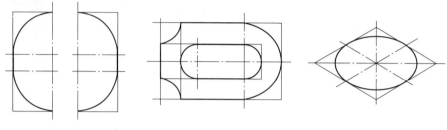

图 2-9　徒手画圆弧

 【任务实施】

徒手绘制图 2-6 所示垫片平面图形的步骤见表 2-6。

表 2-6　徒手绘制垫片平面图的作图步骤

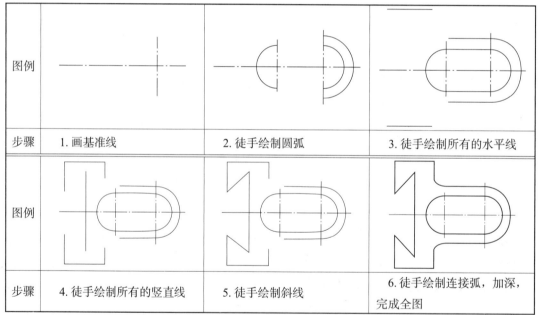

步骤	1. 画基准线	2. 徒手绘制圆弧	3. 徒手绘制所有的水平线
步骤	4. 徒手绘制所有的竖直线	5. 徒手绘制斜线	6. 徒手绘制连接弧，加深，完成全图

任务四　绘制 V 形铁的正等轴测图草图

轴测图就是轴测投影图。由于轴测图立体感强、直观性好，一般人都能看懂。因此，为方便交流，轴测图被广泛地应用于机构设计、技术革新、产品说明及外观设计等方面，也是工程技术人员必备的绘图技能之一。

✅【任务描述】

根据如图 2-10 所示 V 形铁的正等轴测图，绘制其正等轴测草图。

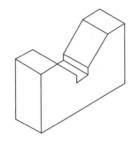

图 2-10　V 形铁的正等轴测图　　绘制 V 形铁的正等轴测图

◎【任务分析】

图 2-10 所示 V 形铁的正等轴测图是空间立体连同其所在的空间直角坐标系一起投影在一个面上得到的立体感较强的图形，要绘制其正等轴测草图，必须学习正等轴测图的形成和相关参数的设置。

📖【相关知识】

1. 正等轴测图的形成过程

如图 2-11 所示，以一个正方体为例来介绍正等轴测图的形成过程。假想把正方体放在一个空间直角坐标系中，其坐标轴 OX、OY、OZ 和正方体上的 3 条互相垂直的棱线重合，O 为原点，在适当的位置设置一个投影面 P，并选择合适的投影方向，使物体上的 3 个坐标轴与投影面倾斜相同的角度，所得投影图就能同时反映物体的 3 个方向的形状，即正等轴测图，如图 2-11（a）所示。

在图 2-11（a）中，轴测图所在的投影面称为轴测投影面，空间直角坐标轴 OX、OY、OZ 在轴测投影面上的投影 O_1X_1、O_1Y_1、O_1Z_1 称为轴测轴，轴测轴之间的夹角 $\angle X_1O_1Y_1$、$\angle X_1O_1Z_1$ 和 $\angle Y_1O_1Z_1$ 称为轴间角。

2. 正等轴测图的参数设置

（1）轴向伸缩系数。轴上的单位长度与相应空间直角坐标轴上的单位长度的比值，称为轴向伸缩系数。在正等轴测图中，OX、OY、OZ 轴上的伸缩系数均为 0.82，为简化作图，在实际绘图时取 1，即凡与坐标轴平行的直线，在轴测轴上都按视图上的实际尺寸画出。

（2）轴间角。在正等轴测图中，三个轴间角 $\angle X_1O_1Y_1 = \angle X_1O_1Z_1 = \angle Y_1O_1Z_1 = 120°$，绘图时一般取 O_1Z_1 轴为竖直线，则 O_1X_1、O_1Y_1 轴与水平线夹角为 30°，如图 2-11（b）所示。

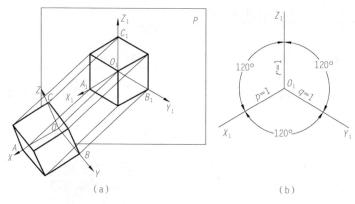

（a）

（b）

图 2-11　正等轴测图

（a）正等轴测图的形成；（b）轴间角和各轴向简化系数

【任务实施】

（1）形体分析，确定坐标系。如图 2-10 所示，V 形铁由长方体切割而成。V 形缺口由五个平面组合切割得到。画图的关键在于选定坐标原点和坐标轴，将轴测轴建立在长方体的右后下侧，作图比较方便。

（2）其作图过程如图 2-12 所示。

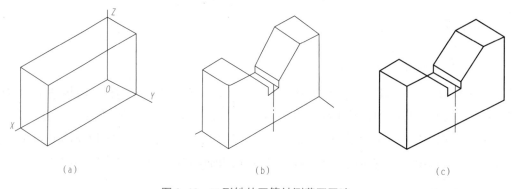

（a）　　　　　　　　　　（b）　　　　　　　　　　（c）

图 2-12　V 形铁的正等轴测草图画法

（a）画轴测轴及长方体；（b）画 V 形缺口；（c）擦去作图线，加深，完成作图

任务五　绘制圆台的斜二测草图

【任务描述】

根据如图 2-13 所示的有圆柱通孔圆台的斜二测轴测图，绘制其正面斜二测草图。

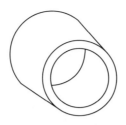

图 2-13　有圆柱通孔圆台的斜二测轴测图

　　要想绘制圆台的正面斜二测草图，首先要了解斜二测的形成过程、轴间角和轴向伸缩系数。

【相关知识】

1．斜二测轴测图的形成过程

如图 2-14（a）所示，仍然以一个正方体为例来介绍斜二测轴测图的形成过程。将直角坐标轴 OZ 置于铅垂位置，并使坐标面 XOZ 平行于轴测投影面，且投影方向与 3 个坐标轴都不平行时形成正面斜轴测图。在这种情况下，轴测轴 X 轴和 Z 轴仍为水平方向与铅垂方向，轴向伸缩系数 $p=r=1$，物体上平行于坐标面 XOZ 的直线、曲线和平面图形在正面斜轴测图中都反映实长和实形，而轴测轴 Y 的方向和轴向伸缩系数 q，可随投射方向的变化而变化，当取 $q \neq 1$ 时，即为正面斜二测图。而工程上常用的是正面斜二测。

2．正面斜二测轴间角和轴向伸缩系数

正面斜二测的轴间角及轴向变形系数如图 2-14（b）所示。

轴间角 $\angle X_1O_1Z_1=90°$，$\angle X_1O_1Y_1 = \angle Y_1O_1Z_1=135°$。

轴向伸缩系数 $p=r=1$，$q=0.5$。

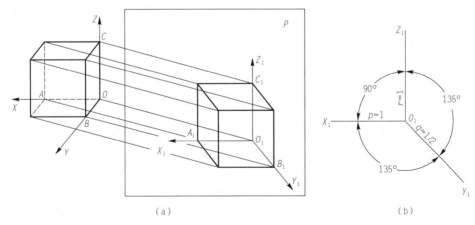

图 2-14　斜二测的形成及轴测轴

（a）斜二测的形成；（b）轴间角和轴测轴的伸缩系数

3．平行坐标面圆的斜二测

斜二测图的正面形状（平行于 *XOZ* 面的）能反映形体正面的真实形状。所以斜二测图的最大优点是当形体正面有圆和圆弧时，投影仍是大小相同的圆，此时画图简单方便。但如果平行于 *XOY*、*YOZ* 两坐标面也有圆或圆弧时，其斜二等轴测图则为椭圆，且这种椭圆的长轴、短轴不再具有正等测图椭圆的长轴、短轴与轴测轴垂直和平行的规律，因此作图较烦琐，加之斜二测图的立体感较正等轴测图稍差。因此，斜二测图只适用正面上多圆或圆弧的形体，如果形体有平行于 *XOY*、*YOZ* 两坐标面的圆时，最好避免选用斜二测，而选用正等测为宜。

【任务实施】

（1）形体分析，确定坐标系。图 2-13 所示是一个有圆柱通孔的圆台。根据斜二测图的特点，为作图方便，将前、后端面放在平行于坐标面 *XOZ* 的位置，坐标原点选在后端大圆圆心处，进而确定如图 2-15（a）中所附加的坐标轴。

（2）其作图方法及步骤如图 2-15 所示。

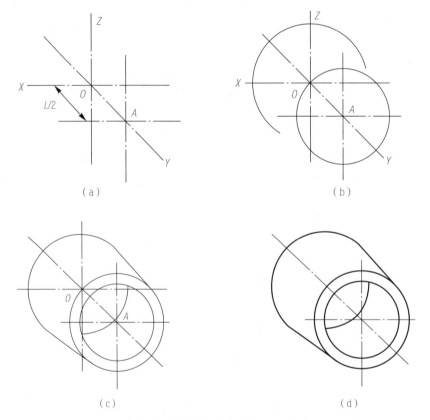

图 2-15　圆台的正面斜二测草图画法

（a）作轴测轴，并在 *Y* 轴上量取 *L*/2（*L* 为圆台的实际轴向长度），定出前端面圆的圆心 *A*；
（b）画出前、后两个端面的斜二测，分别仍是反映实形的圆；
（c）作两端面圆的公切线以及前、后空口可见部分；（d）擦去作图线，加深

正投影基础

任务一　绘制弯板的三视图

 【任务描述】

正投影基础

　　如图 3-1（a）所示，根据弯板的立体图，由测量得到的尺寸绘制其三视图。

【任务分析】

　　通过图 3-1（a）可以看出，立体图直观、立体感强，但是，物体上的矩形线框全部投影变形成平行四边形，因此，立体图不能准确地表达物体的真实形状和大小，而且作图繁复；但正投影图和物体的真实形状和大小完全吻合，且图形简单，作图简便；缺点是立体感差。为此，在工程设计和实际的生产加工中，为了使所绘制的图形能够准确地、唯一地反映所要表达的物体，同时达到画图简便的目的，一般都采用正投影的方法来绘制工程图样。图 3-1（b）所示的三视图就是采用正投影法得到的。

　　本任务主要学习正投影图的形成规律和三视图的画法。

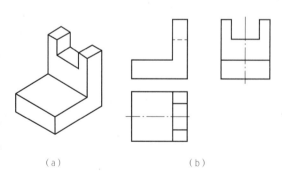

（a）　　　　　　　（b）

图 3-1　弯板的立体图和三视图

（a）立体图；（b）三视图

【相关知识】

1. 投影法的概念

　　在日常生活中，当太阳光或灯光照射物体（如三角板）时，墙壁上或地面上会出现物体的影子，如图 3-2 所示。投影法与这种自然现象类似。人们根据生产活动的需要，经过科学的抽象和总结，找出了影子和物体之间的关系，形成了投影的方法。如图 3-3 所示，

点 S（光源）为投射中心，SA、SB、SC（光线）为投射线，△ABC（三角板）为物体，地面或墙面为投影面，△abc（阴影）为△ABC在投影面 P 上的投影。这种投射线通过物体向选定的平面投射，并在该平面上得到投影的方法称为投影法。

其中，投射线、物体、投影面是形成投影的三要素。

为了更好地了解工程中机件形体的表达方法，首先要学习投影的方法和几何要素点、线、面及其相对位置的投影特性。

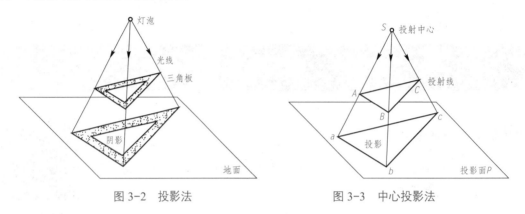

图 3-2 投影法   图 3-3 中心投影法

2. 投影法的种类

投影法分为中心投影法和平行投影法两种。

（1）中心投影法。投射线汇交于一点的投影方法称为中心投影法。如图 3-3 所示，所有的投射线都是从投射中心 S 发出的。从图中可以看出，中心投影法得到的投影△abc 的大小会随着投射中心 S、物体和投影面三者之间距离的变化而变化，可见中心投影法不反映物体的真实大小，且作图比较复杂，度量性差，故在机械图样中很少采用。

（2）平行投影法。假设将投射中心移至无穷远，这时的投射线可视作是互相平行的。由互相平行的投射线在投影面上得到投影的方法称为平行投影法，如图 3-4 所示。

平行投影法按投射线是否垂直于投影面，又分为斜投影法［图 3-4（a）］和正投影法［图 3-4（b）］。在工程上，斜投影法主要用来绘制轴测图；而正投影法由于能真实地反映物体的形状和大小，不仅度量性好，且作图简便，因此，绘制机械图样主要采用的就是正投影法。

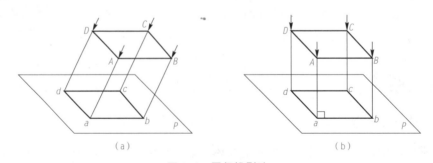

（a）   （b）

图 3-4 平行投影法

（a）斜投影法；（b）正投影法

3. 正投影基本性质

正投影的基本性质见表3-1。

表3-1 正投影法的基本性质

性质	物体上的直线和平面	直线和平面的投影图	投影性质
真实性	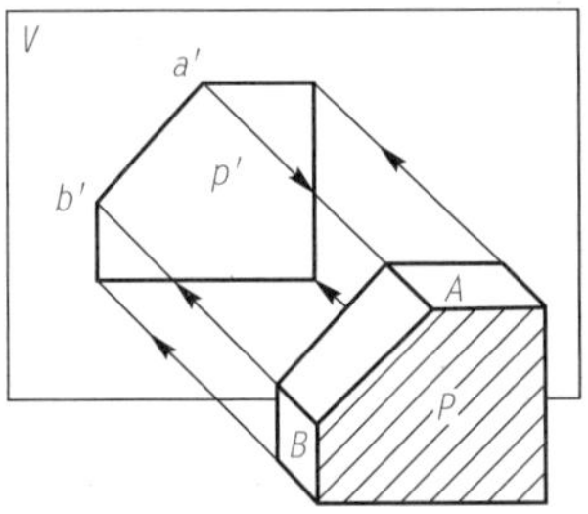	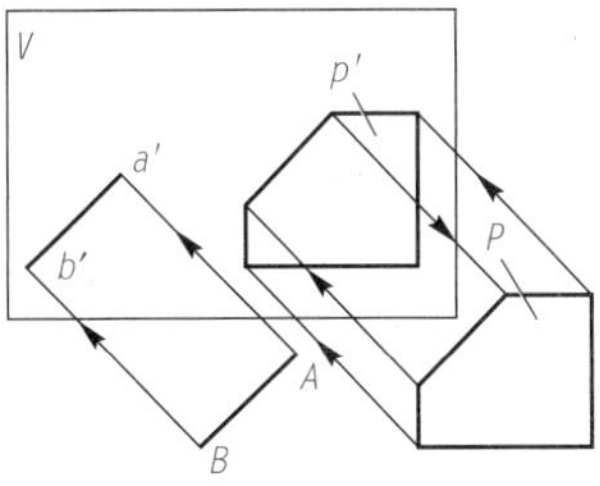	当直线或平面与投影面平行时，则直线的投影反映实长，平面的投影反映实形
积聚性	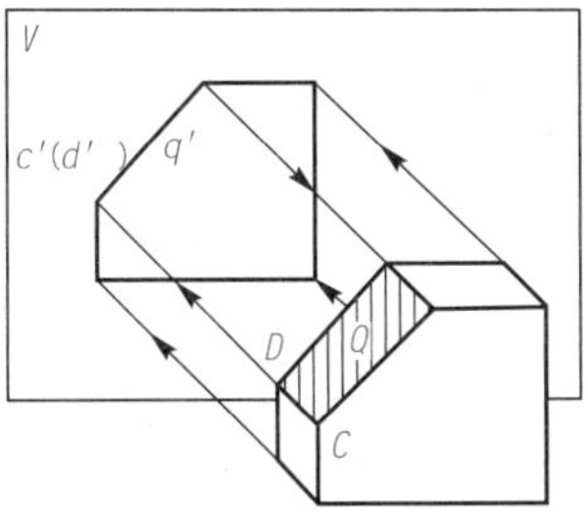	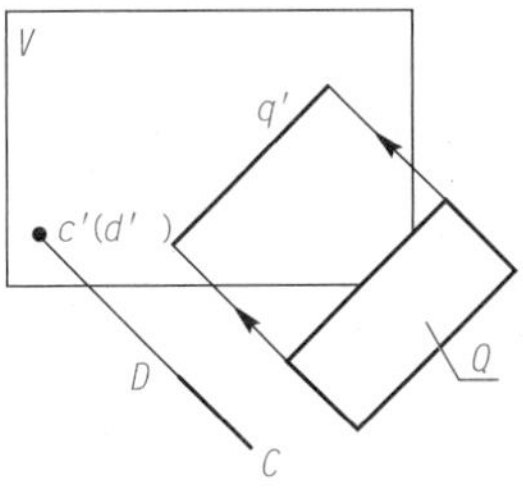	当直线或平面垂直于投影面时，则直线的投影积聚成一点，平面的投影积聚成一直线
类似性	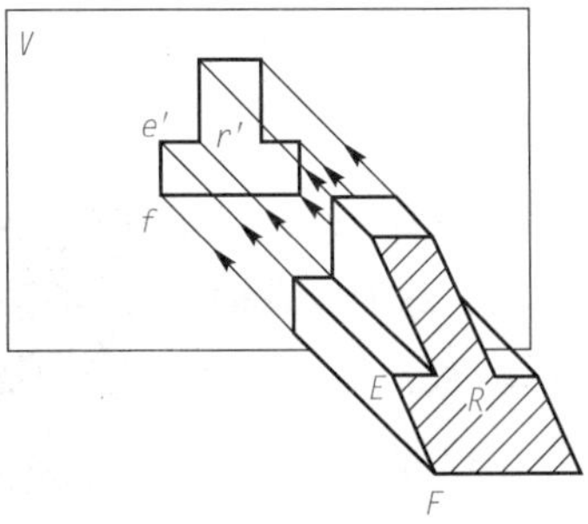	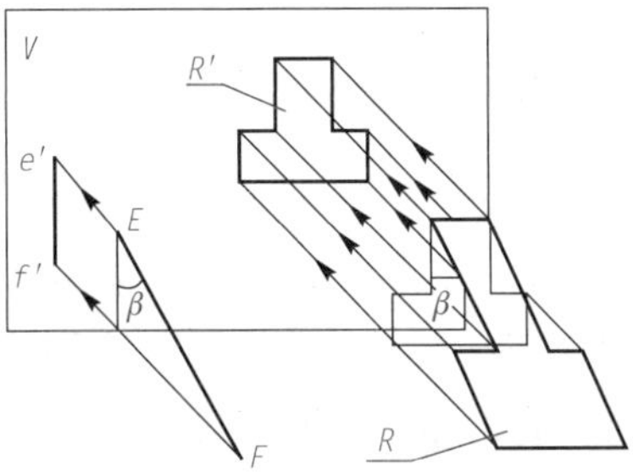	当直线或平面倾斜于投影面时，直线的投影仍为直线，但小于实长；多边形平面的投影形状与原来的形状相似，且投影面积变小

4. 三面投影图

图3-5所示为两个不同形状的物体，它们在同一个投影面上的投影却是相同的，因此，在正投影法中物体的一个投影一般是不能准确确定空间物体的结构形状，必须有两个或者多个投影图组合才能准确清楚地反映物体的结构形状。

由于物体一般有左右、前后和上下三个方向的形状，工程上一般采用三面投影图即三视图来表示物体，如图3-6所示。

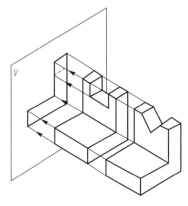

图 3-5 不同形体的单面正投影图

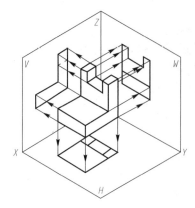

图 3-6 三面投影图

 【任务实施】

1. 三视图的形成

（1）三投影面体系的建立。如图 3-7 所示，设置 3 个互相垂直相交的平面作为投影面，即三投影面体系。3 个平面将空间分成 8 个分角。我国选取第一分角作为投影空间，如图 3-8 所示，称为第一角投影或第一角画法。

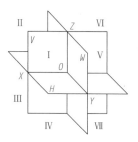

图 3-7 三投影面体系（8 个分角）

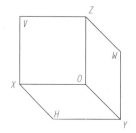

图 3-8 第一分角

在第一分角的 3 个投影面中，V 面称为正立投影面；H 面称为水平投影面；W 面称为侧立投影面。三个投影面的交线 OX、OY、OZ 称为投影轴。三根投影轴互相垂直相交于一点 O，称为原点。物体有长、宽、高 3 个方向的尺寸及上、下、前、后、左、右 6 个方位，通常规定：以原点 O 为基准，沿 X 轴方向量取物体的长度，确定左、右方位；沿 Y 轴方向量取物体的宽度，确定前、后方位；沿 Z 轴方向量取物体的高度，确定上、下方位。

三视图的形成及
投影规律

（2）三视图的形成。如图 3-9（a）所示，将物体置于三投影面体系中，其主要表面分别平行于各投影面，然后分别将物体向 3 个投影面进行投影得到物体的 3 个视图。

①从物体的前面向后面投影，在 V 面上得到的视图称为主视图；

②从物体的上面向下面投影，在 H 面上得到的视图称为俯视图；

③从物体的左面向右面投影，在 W 面上得到的视图称为左视图。

（3）三投影面的展开。为了方便画图和表达，必须将互相垂直的 3 个投影面展开摊平在同一个平面上，其方法如图 3-9（b）所示，V 面保持不动，使 H 面绕 OX 轴向下旋转 90°与 V 面成一平面，使 W 面绕 OZ 轴向右旋转 90°，也与 V 面成一平面，展开后的 3 个投影面就在同一图纸平面上，得到三视图，如图 3-9（c）所示。

工程上用来表达物体的三视图，一般省略投影轴和投影面的边框，各个视图之间的距离也可根据需要自行确定，如图 3-9（d）所示。

2．三视图的投影规律

三视图表达的是同一物体在同一位置分别向三投影面所作的投影。所以，三视图间必然具有以下所述的投影规律：

（1）主视图和俯视图都反映物体的长度，因此主俯视图长对正；

（2）主视图和左视图都反映物体的高度，因此主左视图高平齐；

（3）左视图和俯视图都反映物体的宽度，因此俯左视图宽相等。

简单概括为"长对正，高平齐，宽相等"，又称"三等"规律，如图 3-9（d）所示。这个规律不仅针对物体的总体尺寸，物体上的每个几何元素也符合此规律。它是画图和读图的基本规律。

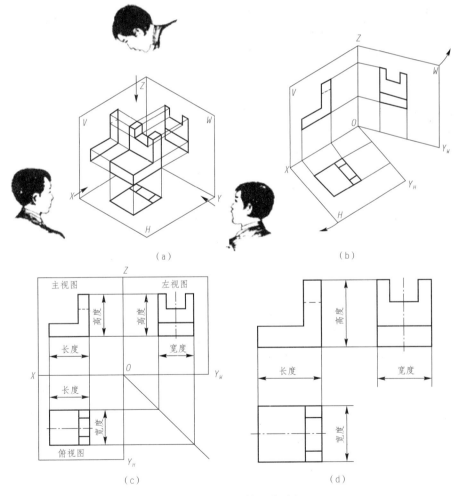

（a）　　　　　　　　　　　　　　　　（b）

（c）　　　　　　　　　　　　　　　　（d）

图 3-9　三视图的形成过程

（a）投影形成三视图；（b）H、W 面展开；（c）展开后的三视图；（d）"三等"规律

31

3．三视图与物体方位的对应关系

一个形体有上下、左右、前后 6 个方位。从三视图的形成过程可以看出，主视图反映了物体的上下和左右方位；俯视图反映了物体前后和左右方位；左视图反映了物体前后和上下方位。其中，俯视图和左视图所反映的前后方位最容易弄错，在俯视图和左视图中，靠近主视图的一边表示形体的后面，远离主视图的一边表示形体的前面，如图 3-10 所示。

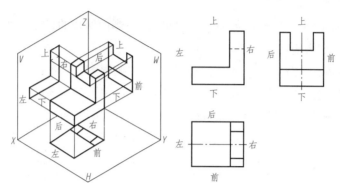

图 3-10 三视图的方位对应关系

4．绘制弯板的三视图

首先确定弯板视图的选择方向，如图 3-11 所示，再按一定的方法步骤绘制其三视图，见表 3-2。

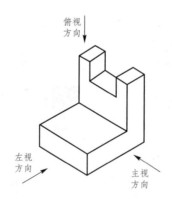

图 3-11 弯板视图方向的选择

表 3-2 弯板三视图的绘图方法和步骤

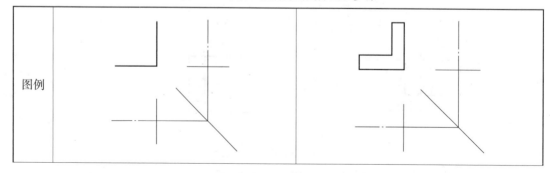

图例		

步骤	1. 绘制作图基准线、作图辅助线 主视图以底面、右面为基准；俯视图以前后对称面、右面为基准；左视图以前后对称面、底面为基准。为实现俯、左视图宽相等，可绘制一条与水平倾斜 45° 的斜线为辅助线	2. 绘制主视图 根据测量的"长""高"，用细实线画出主视图
图例		
步骤	3. 绘制俯视图 根据主、俯视图长对正和测量的"宽"用细实线画出俯视图	4. 绘制左视图 根据主、俯视图高平齐，俯、左视图宽相等，用细实线画出左视图
图例		
步骤	5. 绘制槽的三视图 首先根据测量尺寸"槽宽、槽深"绘制槽反映实形的左视图，再根据投影规律用细实线绘制槽的主、俯视图	6. 加粗轮廓线 按规定线型描深图线，擦去作图辅助线，完成作图

📄 【知识拓展】工程上常用的投影图

1. 轴测图

轴测图是用平行投影法绘制的。它是将物体连同其参考直角坐标系，沿不平行于任一坐标面的方向，用平行投影法将其投射在单一投影面上所得的具有立体感的图形，如图 3-12 所示，习惯上称之为立体图。这种图形有一定的立体感，容易读懂，它能在同一个投影上同时反映物体的长、宽、高三个方向的形状，但作图比较复杂。

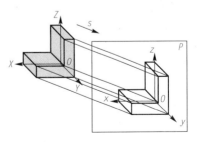

图 3-12　轴测图

由于轴测图是在单一投影面上绘制的立体图，有时不易确切地表达物体各部分尺寸，所以在机械图样上只用作辅助性的图样。

2．透视图

透视图是根据中心投影法绘制的，如图3-13所示。这类图与视觉观察物体一样，没有视觉误差，尤其是表示庞大的物体时更为优越。但由于不能很明显地把真实形状和度量关系表示出来，且作图很复杂，所以目前只在建筑工程上作辅助性的图样使用。

图3-13　透视图

3．标高投影

标高投影是利用平行正投影法，将物体投影在一个水平面上得到的，如图3-14所示，为了解决高度的度量问题，在投影图上画上一系列相等高度的线，称为等高线。在等高线上标出高度尺寸（标高），这种图在地图及土建工程图中表示土木结构或地形。

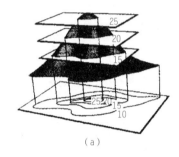

（a）

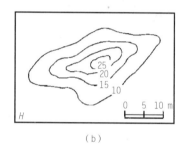

（b）

图3-14　标高投影

（a）标高；（b）地形图

任务二　绘制点的三面投影

点、直线和平面是构成形体的几何元素，而点又是最基本的几何元素，因此，研究形体的投影问题应从点开始。

点的投影

【任务描述】

图3-15所示为弯板的直观图和三面投影图，作弯板上点A的三面投影。

【任务分析】

切槽前，弯板上有8个面、18条棱线和12个点。因此，每一个投影面上的投影，都包含这些几何元素的投影，点是其中最简单的几何元素，以弯板上的点 A 为例，通过绘制其三面投影图来学习研究点的投影规律。

本任务主要学习点的投影规律。

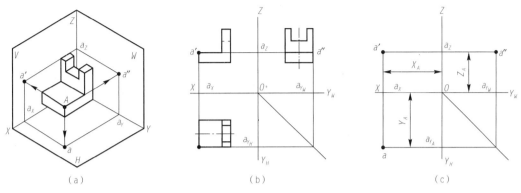

图 3-15　弯板上点的三面投影

（a）投影直观图；（b）三投影图；（c）点 A 的投影图

📖【相关知识】

1. 点的投影标记

如图 3-15（a）所示，过空间点 A 分别向 H、V 和 W 面进行投射（作垂线），得到水平投影 a、正面投影 a' 和侧面投影 a''，即为点 A 在三投影面上的投影。

规定：大写英文字母用于表示空间点，如点 A、B、C 等；相应的小写字母用于表示点的水平投影，如 a、b、c 等；而小写字母加一撇用于表示点的正面投影，如 a'、b'、c' 等；小写字母加两撇则用于表示点的侧面投影，如 a''、b''、c'' 等。

将三投影面体系中弯板的其他几何要素去掉，仅保留点 A，如图 3-16（a）所示，展开投影面，得到的结果如图 3-16（b）所示，将投影面的边框擦去即可得点 A 的三面投影，如图 3-16（c）所示。

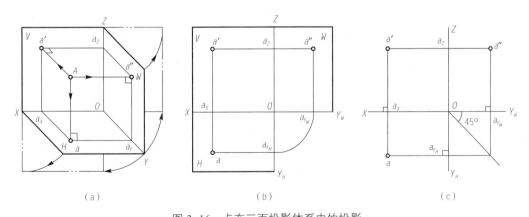

图 3-16　点在三面投影体系中的投影

（a）投影直观图；（b）投影展开图；（c）投影图

2．点的直角坐标

若把三面投影体系看作空间直角坐标系，则 H、V、W 面为坐标面，OX、OY、OZ 轴为坐标轴，点 O 为坐标原点，可得出点 A 的直角坐标（X_A，Y_A，Z_A），即为点 A 到 3 个坐标面的距离，且与点 A 的投影 a、a'、a'' 的关系如下：

点 A 的 X_A 坐标，$X_A=a_XO=Aa''=a'a_z=aa_Y$，为点到 W 面的距离；

点 A 的 Y_A 坐标，$Y_A=a_YO=Aa'=aa_X=a''a_Z$，为点到 V 面的距离；

点 A 的 Z_A 坐标，$Z_A=a_ZO=Aa=a'a_X=a''a_Y$，为点到 H 面的距离。

由此可知：

点的水平投影 a 由 a_XO、a_YO，即点 A 的 X_A、Y_A 两坐标决定；

点的正面投影 a' 由 a_XO、a_ZO，即点 A 的 X_A、Z_A 两坐标决定；

点的侧面投影 a'' 由 a_YO、a_ZO，即点 A 的 Y_A、Z_A 两坐标决定。

所以空间点 A（X_A、Y_A、Z_A）在三投影面体系中有唯一确定的一组投影 a、a'、a''。反之，如已知点 A 的一组投影 a、a'、a''，即可确定该点的坐标值 X_A、Y_A、Z_A，也就确定了点的空间位置。

3．点的投影规律

由图 3-16 不难得出，点的三面投影具有下列投影规律：

（1）点 A 的 V 面、H 面投影连线垂直于 OX 轴，即 $aa' \perp OX$（长对正）；

（2）点 A 的 V 面、W 面投影连线垂直于 OZ 轴，即 $a'a'' \perp OZ$（高平齐）；

（3）点 A 的 H 面投影到 OX 轴的距离等于点的侧面投影到 OZ 轴的距离，即 $aa_X=a''a_Z$（宽相等）。

为了作图方便，一般自点 O 作一条 45° 辅助线，以保证 $aa_X=a''a_Z$ 的关系，如图 3-16（c）所示。

根据上述投影规律，可知在点的三面投影中，只要已知其中任意两个面的投影，就可以很方便地求出点的第三个投影。

【任务实施】

根据弯板上点 A 的空间坐标 A（X、Y、Z），求作点 A 的三面投影 a、a'、a''。

其画法步骤见表 3-3。

表 3-3　点的三面投影图作图步骤

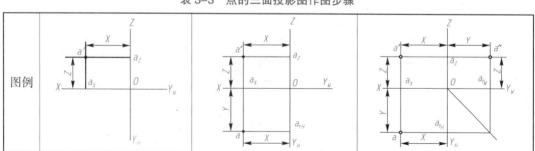

	1. 作点的正面投影	2. 作点的水平投影	3. 作点的侧面投影
步骤	根据点 A 到侧面投影的距离 X 和到水平投影面的距离 Z 绘制的正面投影 a'	根据点 A 到侧面投影的距离 X 和到正投影面的距离 Y 绘制点的水平投影 a	根据点 A 到正面投影的距离 Y 和到水平投影面的距离 Z 绘制点的侧面投影 a''

【案例 3-1】已知点的两面投影，求作第三投影。

给出点的两面投影，则点的 3 个坐标就完全确定了，因而，点的第三投影根据点的投影规律必能唯一确定。其作图方法如图 3-17 所示。

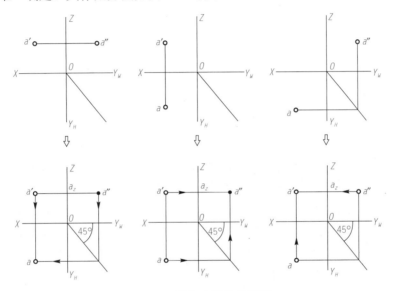

图 3-17 已知坐标作投影图

📄【知识拓展】两点的相对位置及重影点

1. 两点的相对位置

两点的相对位置是指空间两点的左右、前后和上下位置关系。这种位置关系可以通过两点的坐标值大小或同面投影的相对位置来判断。

根据 X 坐标就可以判断两点之间的左右位置关系，X 坐标值大的点在左；根据 Y 坐标就可以判断两点之间的前后位置关系，Y 坐标值大的点在前；根据 Z 坐标就可以判断两点之间的上下位置关系，Z 坐标值大的点在上。如图 3-18（a）所示，$X_A > X_B$，因此点 A 在点 B 的左方；同理，点 A 在点 B 前方（$Y_A > Y_B$）、下方（$Z_B > Z_A$）。反之，点 B 在点 A 的右、后、上方。

我们也可以通过两点同面投影的相对位置来判断。左右相对位置通过 V 面和 H 面投影判断（物体左右看主俯），X 坐标值大者在左；前后相对位置通过 H 面和 W 面的投影判断（物体前后看左俯），Y 坐标值大者在前；上下相对位置通过 V 面和 W 面投影判断（物体上下看主左），Z 坐标值大者为上。

两点的相对位置，还可用两点的坐标差来判断，如图 3-18（b）所示。

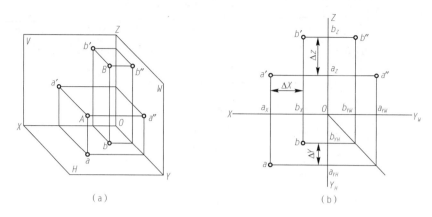

图 3-18　空间两点的相对位置

（a）投影直观图；（b）投影图

2. 重影点及可见性

若空间两个或两个以上的点在某一投影面上的投影重合，则这些点在投影重合的投影面上的两个坐标分别相同，这些点即为该投影面的重影点。

如图 3-19（a）所示，点 A 位于点 B 的正上方，即 $X_A=X_B$、$Y_A=Y_B$、$Z_A>Z_B$、A、B 两点在同一条 H 面的投射线上，故它们的水平投影重合于一点 a（b），则称点 A、B 为对 H 面的重影点。同理，位于同一条 V 面投射线上的两点称为对 V 面的重影点；位于同一条 W 面投射线上的两点称为对 W 面的重影点。

两点重影，必有一点被"遮挡"，故有可见与不可见之分。按照"左遮右、前遮后、上遮下"的位置关系来判断，被遮挡的为不可见，其投影应加圆括号"（ ）"表示。如图 3-19（b）所示，因为点 A 在点 B 的上方，因此点 A 的水平投影 a 为可见，点 B 的水平投影 b 为不可见，故有 a（b）。同理，C、D 两点在 V 面上重影，C 在前，D 在后，因此 c' 可见，d' 不可见，故有 c'（d'）。

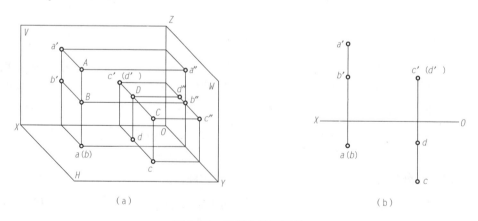

图 3-19　重影点及可见性

（a）投影直观图；（b）投影图

任务三　绘制直线的投影

【任务描述】

如图 3-20（a）所示，在三棱锥投影直观图中，取棱线 *SA*，绘制其三面投影图，如图 3-20（b）所示。

直线的投影

【任务分析】

根据"两点确定一条直线"的几何定理，作直线 *SA* 的投影时，可分别作出直线上两端点 *S* 和 *A* 的投影，即 *s*、*s′*、*s″* 和 *a*、*a′*、*a″*，然后将这两点的同面投影相连，即得到直线 *SA* 的三面投影 *sa*、*s′a′* 和 *s″a″*，如图 3-20（b）所示。由此可见，作直线的投影图，归根结底还是求点的投影。

本任务主要学习直线的投影规律和直线的三面投影画法。

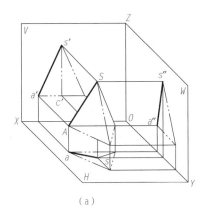
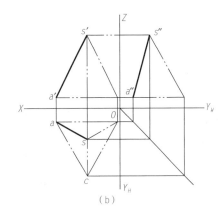

（a）　　　　　　　　　　　　　　　　（b）

图 3-20　直线的投影

（a）投影直观图；（b）投影图

【相关知识】

各类直线的投影特征如下：

根据直线在三投影面体系中的相对位置不同，可将直线分为以下 3 类：

投影面倾斜线：与三个投影面都倾斜的直线，也称为一般位置直线。

投影面平行线：只平行于一个投影面，与另两个投影面倾斜的直线。

投影面垂直线：垂直于一个投影面，同时与另两个投影面平行的直线。

后两类直线又称为特殊位置直线。

为了叙述方便，本书将直线段统称直线，并规定：直线对 *H* 面、*V* 面、*W* 面的倾角分别用 α、β、γ 来表示。

1. 投影面倾斜线（一般位置直线）

如图 3-21 所示，各投影长度与直线的实长、倾角之间的关系为

$$ab = AB\cos\alpha, \quad a'b' = AB\cos\beta, \quad a''b'' = AB\cos\gamma$$

一般位置直线具有下述投影特性：

（1）三个投影都倾斜于投影轴，且不反映实长。

（2）三个投影与投影轴的夹角都不反映直线对投影面的真实倾角。

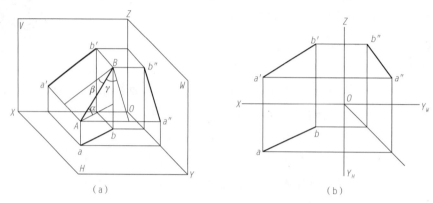

（a） （b）

图 3-21　一般位置直线的投影

（a）投影直观图；（b）投影图

2. 投影面平行线

投影面平行线的直观图、投影图和投影特性见表 3-4。其中，平行于 V 面的直线称为正平线；平行于 H 面的直线称为水平线；平行于 W 面的直线称为侧平线。

表 3-4　投影面平行线的直观图、投影图和投影特性

名称	正平线	水平线	侧平线
实例图	正平线 AB	水平线 BC	侧平线 AC
直观图	正平线 AB	水平线 BC	侧平线 AC

40

名称	正平线	水平线	侧平线
投影图	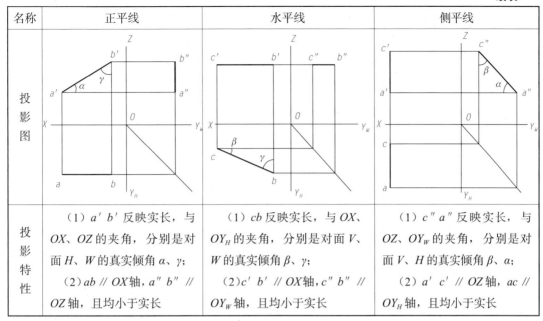		
投影特性	（1）$a'b'$反映实长，与OX、OZ的夹角，分别是对面H、W的真实倾角α、γ； （2）ab∥OX轴，$a''b''$∥OZ轴，且均小于实长	（1）cb反映实长，与OX、OY_H的夹角，分别是对面V、W的真实倾角β、γ； （2）$c'b'$∥OX轴，$c''b''$∥OY_W轴，且均小于实长	（1）$c''a''$反映实长，与OZ、OY_W的夹角，分别是对面V、H的真实倾角β、α； （2）$a'c'$∥OZ轴，ac∥OY_H轴，且均小于实长

投影面平行线的投影特性可归结为以下两点：

（1）在直线所平行的投影面上的投影反映实长，且与投影轴的夹角分别反映该直线对另外两个投影面的真实倾角。

（2）在另外两个不平行的投影面上的投影平行于相应的投影轴，但投影不反映实长。

3．投影面垂直线

投影面垂直线的直观图、投影图和投影特性见表3-5。其中，垂直于V面的直线称为正垂线；垂直于H面的直线称为铅垂线；垂直于W面的直线称为侧垂线。

表3-5　投影面垂直线的直观图、投影图和投影特性

名称	正垂线	铅垂线	侧垂线
实例图	正垂线 DE	铅垂线 FG	侧垂线 EF
直观图	正垂线 DE	铅垂线 FG	侧垂线 EF

名称	正垂线	铅垂线	侧垂线
投影图	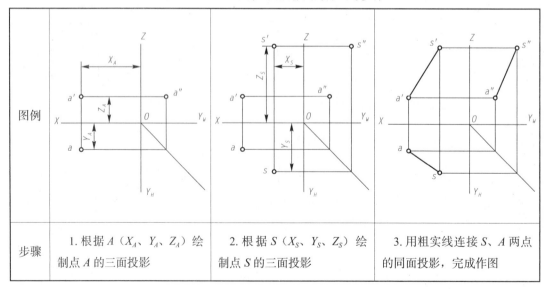		
投影特性	（1）d'（e'）积聚成一个点； （2）$de \parallel OY_H$，$d''e'' \parallel OY_W$，且 $d''e''=de=DE$	（1）f（g）积聚成一个点； （2）$f'g' \parallel OZ$轴，$f''g'' \parallel OZ$轴，且 $f'g'=f''g''=FG$	（1）f''（g''）积聚成一个点； （2）$e'f' \parallel OX$轴，$ef \parallel OX$轴，且 $e'f'=ef=EF$

投影面垂直线的投影特性可归结为以下两点：

（1）在所垂直的投影面上的投影积聚为一点。

（2）在另两个投影面上的投影垂直于相应的投影轴，且反映实长。

【任务实施】

1．测量直线 SA 上点 A 和点 S 的坐标值 A（X_A、Y_A、Z_A）和 S（X_S、Y_S、Z_S）；

2．根据测得的坐标值可作出直线 SA 的三面投影，作图步骤见表 3-6。

表 3-6　绘制直线三面投影图的方法与步骤

图例			
步骤	1. 根据 A（X_A、Y_A、Z_A）绘制点 A 的三面投影	2. 根据 S（X_S、Y_S、Z_S）绘制点 S 的三面投影	3. 用粗实线连接 S、A 两点的同面投影，完成作图

1．直线上的点

直线上的点具有如下特性：

（1）若点在直线上，则点的投影一定在直线的同面投影上；反之亦然。如图 3-22 所示，点 K 在直线 AB 上，则点 K 的三面投影 k、k′ 和 k″ 分别在直线 AB 的三面投影 ab、a′b′ 和 a″b″ 上，且 k、k′、k″ 符合一个点的投影规律。

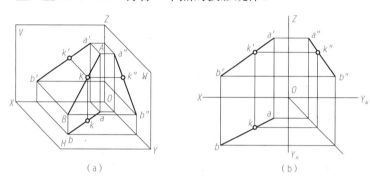

图 3-22　直线上的点
（a）投影直观图；（b）投影图

（2）若点在直线上，则点分割直线段之比在投影图上保持不变（定比定理）；反之亦然。即 $ac:cb=a'c':c'b'=a''c'':c''b''=AC:CB$。

【案例 3-2】如图 3-23（a）所示，已知直线 AB 的两面投影，点 K 分直线 AB 为 $AK:KB=1:2$，求分点 K 的投影。

分析：由点在直线上的定比定理可知，$AK:KB=ak:kb=a'k':k'b'=1:2$，用比例作图法可求得 k 和 k′。

作图：

（1）过 a 任作一线段 ab_0，在该线段上截取 3 个单位长，得到 b_0，并取靠近 a 端的第一单位长处为 k_0 点，如图 3-23（b）所示。

（2）将 bb_0 相连，过点 k_0 作 $k_0k // b_0b$，交 ab 于 k，交点 k 即 K 点的水平投影；过 k 作 OX 轴的垂线，与 a′b′ 交于 k′，交点 k′ 即点 K 的正面投影，如图 3-23（c）所示。

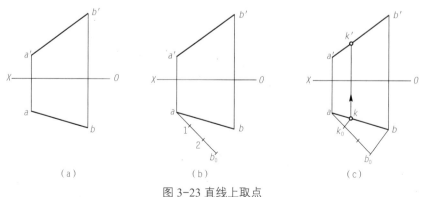

图 3-23 直线上取点
（a）题目；（b）等分；（c）连线

43

2．两直线的相对位置

空间两直线的相对位置有平行、相交和交叉三种。由于相交两直线或平行两直线在同一平面上，所以它们也称为共面直线；交叉两直线不在同一平面上，也称为异面直线。

（1）平行两直线。根据正投影的投影特性，空间两平行直线的各同面投影必定互相平行；反之亦然。如图 3-24 所示，由于 $AB /\!/ CD$，则必有 $ab /\!/ cd$，$a'b' /\!/ c'd'$。

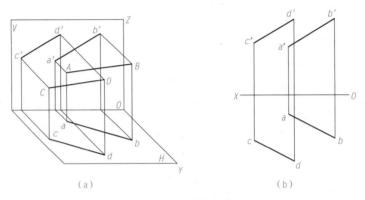

（a）

（b）

图 3-24　两平行直线

（a）投影直观图；（b）投影图

【案例 3-3】两直线 AB、CD 的投影如图 3-25（a）所示，试判断它们是否平行。

分析：对于一般位置直线，根据两个投影就可以判断两直线在空间是否平行。但当两直线均为投影面平行线时，要判断它们是否平行，则取决于两直线在所平行投影面上的投影是否平行。

方法：补投影判别，即补出两直线在所平行投影面上的投影。如图 3-25（b）所示，作出 $a''b''$ 和 $c''d''$。若 $a''b'' /\!/ c''d''$，则 $AB /\!/ CD$；否则 AB 与 CD 不平行。按作图结果可以判定 AB 与 CD 不平行。

本题另外还有共面法、定比法两种解题方法，请读者自行思考。

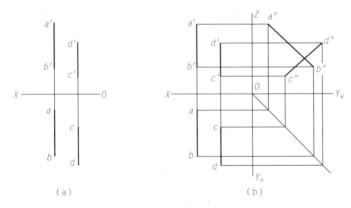

（a）

（b）

图 3-25　判断两直线是否平行

（a）题目；（b）补投影

（2）相交两直线。空间两相交直线的各同面投影必定相交，且交点符合空间点的投影规律；反之亦然。相交两直线的交点是两直线的共有点，因此，交点也应满足直线上点的投影特性。如图 3-26 所示，由于 AB 与 CD 相交于点 K，则 ab 与 cd、a′b′ 与 c′d′ 必定分别交于 k、k′，且点 K 符合一个点的投影规律。

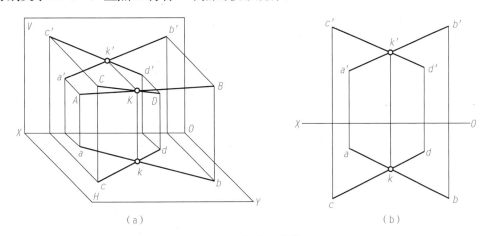

（a）　　　　　　　　　　（b）

图 3-26　相交两直线

（a）投影直观图；（b）投影图

（3）交叉两直线。交叉两直线是既不平行又不相交的两异面直线。

交叉两直线的同面投影也可能相交，但其"交点"不符合点的投影规律。交叉两直线的同面投影的"交点"是两直线上一对重影点的投影，用它可以判断空间两直线的相对位置。如图 3-27 所示，ab 与 cd 的"交点"1（2）是直线 AB 上的点 I 和直线 CD 上的点 II 的水平投影（对 H 面的重影点），由于点 I 在上，点 II 在下，因此该处 AB 在 CD 的上方。同理，a′b′ 与 c′d′ 的"交点"3′（4′）是直线 AB 上的点 IV 和直线 CD 上的点 III 的正面投影（对 V 面的重影点），由于点 III 在前，点 IV 在后，因此该处 CD 在 AB 的前方。

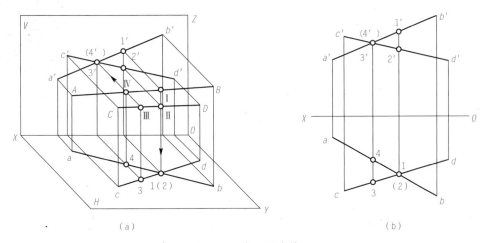

（a）　　　　　　　　　　（b）

图 3-27　交叉两直线

（a）投影直观图；（b）投影图

任务四 绘制平面的投影

【任务描述】

三棱锥投影直观图如图 3-28（a）所示，选取平面 *SAB*，绘制其三面投影图，如图 3-28（b）所示。

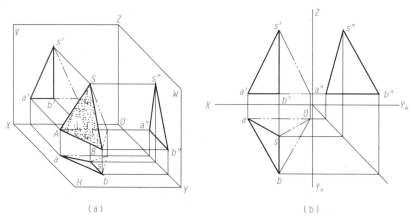

（a） （b）

图 3-28 三棱锥上平面的投影

（a）投影直观图；（b）投影图

【任务分析】

从图 3-28（a）中可以看出，三棱锥的 *SAB* 表面，是由 3 条直线 *SA*、*SB* 和 *AB* 围成的。要绘制该平面的投影，只需将点 *S*、*A*、*B* 的投影分别求出，再把这 3 个点的同面投影相连即可，如图 3-28（b）所示。由此可知，作平面的投影图，其实质仍然是求点的投影。

平面的投影

本任务主要学习平面的投影规律和平面的三面投影画法。

【相关知识】

1. 平面投影的表示法

平面的空间位置可用下列几种方法确定：不在同一直线上的 3 点，如图 3-29（a）所示；一直线和直线外的一点，如图 3-29（b）所示；相交两直线，如图 3-29（c）所示；平行两直线，如图 3-29（d）所示；任意平面图形，如图 3-29（e）所示。这几种确定平面的方法是可以相互转化的。

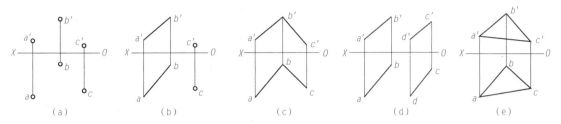

图 3-29　平面的几何元素表示法

2．各种位置平面

（1）一般位置平面。一般位置平面与三个投影面的位置关系都是倾斜的。如图 3-28 所示，△SAB 分别倾斜于 V 面、H 面和 W 面，平面与三投影面的倾角分别用 α、β、γ 表示。从图中可以看出，平面的三面投影△sab、△s′a′b′、△s″a″b″ 都为缩小的类似形，且投影也不反映平面与投影面的真实倾角。

由此可得一般位置平面的投影特性如下：

①三个投影都是缩小的类似形；

②投影都不反映平面对投影面的真实倾角。

（2）投影面垂直面。投影面垂直面只垂直于一个投影面，同时倾斜于另两个投影面。表 3-7 所示为投影面垂直面的直观图、投影图及投影特征。其中，垂直于 V 面的平面称为正垂面；垂直于 H 面的平面称为铅垂面；垂直于 W 面的平面称为侧垂面。

表 3-7　投影面垂直面的直观图、投影图和投影特性

名称	正垂面	铅垂面	侧垂面
实例图	正垂面 P	铅垂面 Q	侧垂面 R
直观图	正垂面 P	铅垂面 Q	侧垂面 R

47

名称	正垂面	铅垂面	侧垂面
投影图	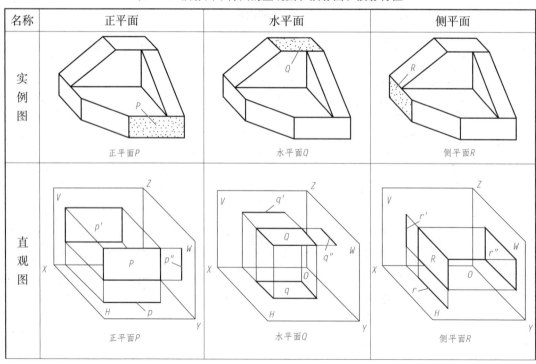		
投影特性	（1）正面投影积聚成直线，并反映真实倾角 α、γ； （2）水平投影和侧面投影具有类似性，且面积缩小	（1）水平面投影积聚成直线，并反映真实倾角 β、γ； （2）正面投影和侧面投影具有类似性，且面积缩小	（1）侧面投影积聚成直线，并反映真实倾角 α、β； （2）正面投影和水平面投影具有类似性，且面积缩小

3．投影面平行面

投影面平行面平行于一个投影面，同时垂直于另两个投影面。表3-8所示为投影面平行面的直观图、投影图及投影特征。其中，平行于 V 面的平面称为正平面；平行于 H 面的平面称为水平面；平行于 W 面的平面称为侧平面。

表3-8　投影面平行面的直观图、投影图和投影特性

名称	正平面	水平面	侧平面
实例图	正平面P	水平面Q	侧平面R
直观图	正平面P	水平面Q	侧平面R

名称	正平面	水平面	侧平面
投影图			
投影特性	（1）正面投影反映实形； （2）水平投影 // OX 轴，侧面投影 // OZ 轴，分别积聚成直线	（1）水平面投影反映实形； （2）正面投影 // OX 轴，侧面投影 // OY_W 轴，分别积聚成直线	（1）侧面投影反映实形； （2）正面投影 // OZ 轴，水平投影 // OY_H 轴，分别积聚成直线

【任务实施】

平面 SAB 三面投影的绘制步骤见表 3-9。

表 3-9　平面三面投影图的绘制步骤

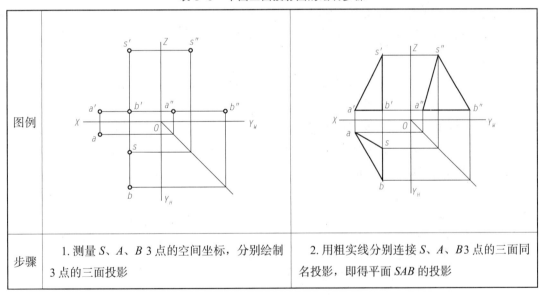

图例		
步骤	1.测量 S、A、B 3 点的空间坐标，分别绘制 3 点的三面投影	2.用粗实线分别连接 S、A、B 3 点的三面同名投影，即得平面 SAB 的投影

【案例 3-4】如图 3-30（a）所示，已知平面的两面投影，求其第三面投影。

分析：根据平面的投影特性，可以判断该平面为侧垂面。因此，其水平投影应是与正面投影相类似的图形，可求出平面上 A、B、C、D、E、F 各拐点的水平投影并顺次连接，即可得到该面的水平投影。

其作图方法和步骤如图 3-30（b）所示：

（1）在 V 面和 W 面上，找出该平面的拐点 A、B、C、D、E、F 的投影 a'、b'、c'、d'、e'、f' 和 a''、b''、c''、d''、e''、f''。

（2）根据点的投影规律，求出各点的水平投影 a、b、c、d、e、f。

（3）根据正面投影中各点的连接顺序，将各点的水平投影连接即为所求。

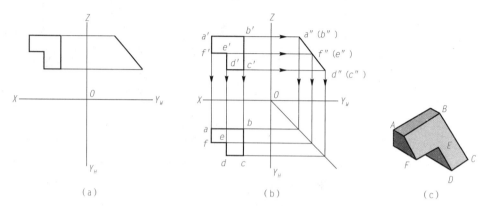

图 3-30　求作平面的第三投影

（a）已知图；（b）投影图；（c）面的空间位置

【知识拓展】平面上的点和直线

平面上的点和直线的几何条件如下：

（1）点在平面的任一直线上，则该点在此平面上。

如图 3-31（a）所示，点 D 在平面 ABC 的直线 AB 上，因此，点 D 位于两直线 AB、CD 所确定的平面 ABC 上。

（2）直线在平面上，则该直线必定通过平面上的两个点；或者通过平面上的一个点，且平行于平面上的另一条直线。

如图 3-31（b）所示，直线 MN 通过平面 ABC 上的两个点 M、N；如图 3-31（c）所示，直线 CE 通过平面 ABC 上的点 C，且平行于平面 ABC 上的直线 AB。因此，直线 MN、CE 都位于两直线 AB、BC 所确定的平面 ABC 上。

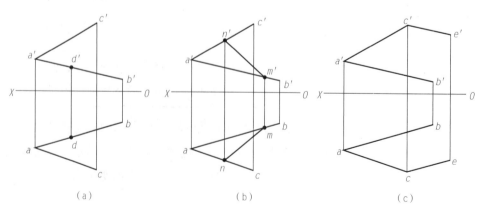

（a）　　　　　　　（b）　　　　　　　（c）

图 3-31　平面上的点和直线

【案例 3-5】如图 3-32（a）所示，在平面△ABC 内，取一点 K，使点 K 在 H 面之上 30 mm，在 V 面之前 20 mm。

分析：一般位置平面上存在一般位置直线和投影面平行线，不存在投影面垂直线。根据投影面平行线的投影特性，平面内的水平线是平面内与 H 面等距离的点的轨迹，因此可先在△ABC 上取位于 H 面之上 30 mm 的水平线 MN，再在 MN 上取位于 V 面之前 20 mm 的点 K。

作图：

①先在 OX 之上 30 mm 处作 m'n'，再由 m'n' 长对正作 mn，如图 3-32（b）所示。

②在 mn 上取位于 OX 之前 20 mm 的点 k，即为所求的点 K 的水平投影。由 k 长对正在 m'n' 上作点 K 的正面投影 k'，如图 3-32（c）所示。

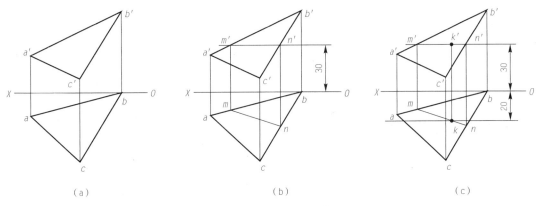

（a）　　　　　　　　　　（b）　　　　　　　　　　（c）

图 3-32　在平面上取点

【案例 3-6】如图 3-33（a）所示，已知四边形 ABCD 的 V 面投影及其边 AB、BC 的 H 面投影，试完成四边形的 H 面投影。

分析：四边形 ABCD 的 4 个顶点在同一平面上，而 A、B、C 3 点的两投影为已知，即该平面的位置已经确定，根据在平面上取点的方法即可求出 d。

作图步骤如下：

①连 a'c'、ac，将 A、B、C 3 点连成三角形，点 D 在平面 ABC 上，可作直线 BD。

②连 b'd'，并与 a'c' 交于 e'，在 ac 上作 e，连 be 并延长作 d。

③连 ad、cd 即为所求，如图 3-33（b）所示。

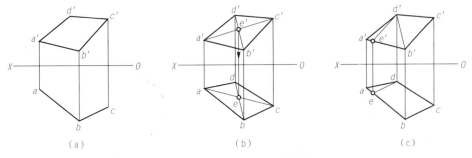

（a）　　　　　　　　　　（b）　　　　　　　　　　（c）

图 3-33　完成平面图形的投影

此题也可利用两平行直线的投影特性来求解，如图 3-33（c）所示，请读者自行思考。

基本几何体

基本体由表面（平面或曲面）所围成，如图 4-1 所示。工程中，常见的基本体有平面立体和曲面立体两种。平面立体的表面均为平面，常见的有棱柱、棱锥、棱台等；曲面立体的表面由平面和曲面所围成或全部由曲面所围成，常见的有圆柱、圆锥、圆球和圆环等。

立体的投影图就是立体各表面同面投影的总和。

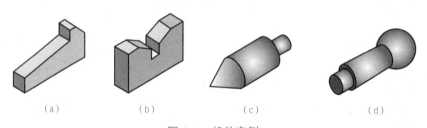

(a)　　　　　　(b)　　　　　　(c)　　　　　　(d)

图 4-1　机件实例

（a）钩头键；（b）V 形铁；（c）顶尖；（d）把手

任务一　绘制正三棱柱的三视图

【任务描述】

图 4-2 所示为三棱柱的模型及其投影直观图，绘制其三面投影图。

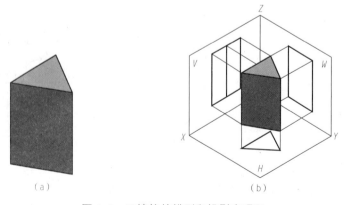

（a）　　　　　　　　　　　　　（b）

图 4-2　三棱柱的模型和投影直观图

（a）模型；（b）投影直观图

如图 4-2（a）所示，三棱柱共由 5 个平面围成，分别是 3 个矩形侧棱面和上下 2 个三角形平面。若按图 4-2（b）所示的位置摆放，则三棱柱的 3 个侧棱面中，后棱面为正平面，其正面投影反映实形，水平及侧面投影积聚为一条直线；同时三棱柱的另外两个侧棱面为铅垂面，其水平投影积聚为一条直线，正面及侧面投影为类似性（矩形）。而三棱柱上下两个三角形平面为水平面，其水平投影反映实形，正面及侧面投影积聚为一条直线。

棱柱

三棱柱的表面包含顶面和底面的 6 个顶点、6 条棱线和 3 条侧棱线。因此，绘制三棱柱的投影图即是绘制这些顶点和棱线的投影。

【任务实施】

正三棱柱投影图的绘制步骤见表 4-1。

表 4-1　正三棱柱投影图的画图步骤

图例	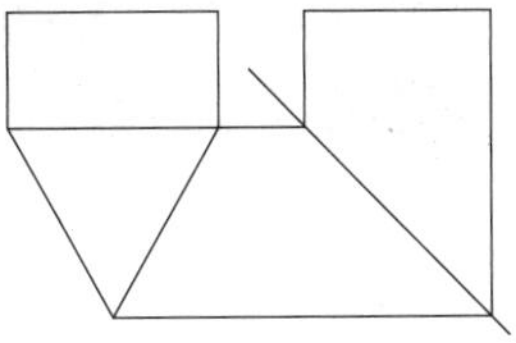	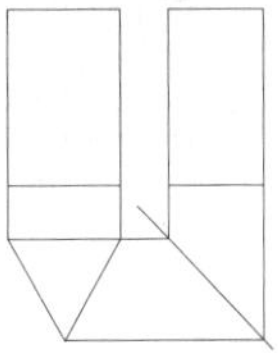
步骤	1. 画基准线和 45° 辅助线，布局好 3 个投影图之间的位置，同时，完成三棱柱底面的三投影图	2. 绘制三棱柱顶面的三投影图
图例	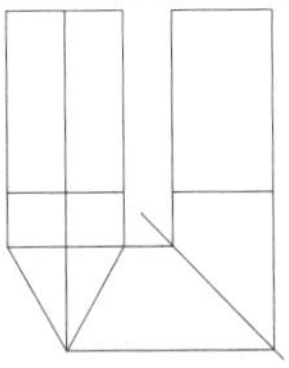	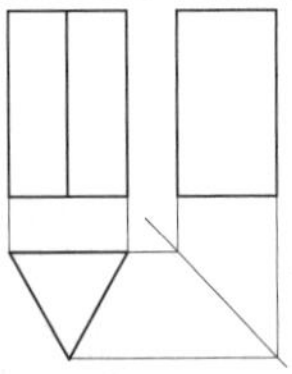
步骤	3. 绘制三棱柱 3 个棱面的三投影图	4. 去掉多余作图线，按规定线型描深图线，完成三棱柱的三投影图

注意：多边形的边即是平面立体的轮廓线。在作图过程中，要注意判别轮廓线的可见性。当轮廓线的投影为可见或不可见时，应分别用粗实线或细虚线表示。当粗实线与细虚线重合时，应画粗实线。

棱柱的投影特征：一面投影为多边形，其边是各棱面的积聚投影；另两面投影均为一个或多个矩形线框拼成的矩形框。

棱锥

【知识拓展】

常见棱柱的投影示例如图 4-3 所示。作图时，一般先画出反映棱柱底面实形的多边形，再按投影规律作出其余两个投影。

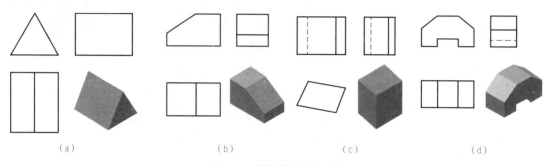

图 4-3　棱柱的投影示例

（a）正三棱柱；（b）缺角的四棱柱；（c）四棱柱；（d）缺角带槽的多棱柱

任务二　绘制正四棱锥的三视图

【任务描述】

如图 4-4 所示为正四棱锥的模型和投影直观图，绘制其三面投影图。

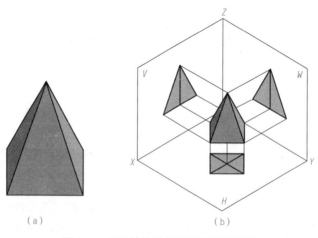

图 4-4　正四棱锥的模型和投影直观图

（a）模型；（b）投影直观图

【任务分析】

如图 4-4（a）所示，正四棱锥共由 5 个平面围成，分别是正方形的底面和 4

个共顶的等腰三角形棱面。若按图 4-4（b）所示位置摆放，则正四棱锥的底面为水平面，其水平投影反映实形，正面和侧面投影积聚成一条直线；而其余四个侧棱面均为一般位置平面，其三面投影全部为类似三角形。

正四棱锥的表面包含锥顶和底面共 5 个顶点、底面 4 条棱线和 4 条侧棱线。因此，绘制正四棱锥的投影图即是绘制这些顶点和棱线的投影。

☑【任务实施】

绘制正四棱锥投影图的绘制步骤见表 4-2。

表 4-2　正四棱锥投影图的画图步骤

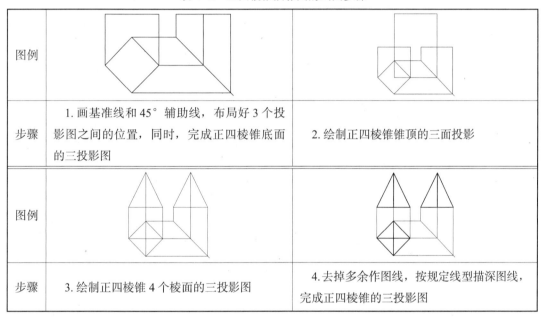

图例		
步骤	1. 画基准线和 45°辅助线，布局好 3 个投影图之间的位置，同时，完成正四棱锥底面的三投影图	2. 绘制正四棱锥锥顶的三面投影
图例		
步骤	3. 绘制正四棱锥 4 个棱面的三投影图	4. 去掉多余作图线，按规定线型描深图线，完成正四棱锥的三投影图

棱锥的投影特征：一面投影是共顶点的三角形拼合成的多边形；另两面投影均为共顶点的三角形拼合成的三角形，其底边重合于一条线。

🗎【知识拓展】

常见棱锥体的投影示例如图 4-5 所示。在图中，水平投影图为立体的特征视图。

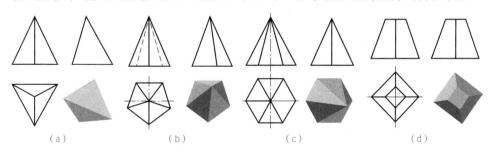

（a）　　　　　　　（b）　　　　　　　（c）　　　　　　　（d）

图 4-5　常见棱锥的投影示例
（a）正三棱锥；（b）正五棱锥；（c）正六棱锥；（d）正四棱台

任务三　绘制圆柱的三视图

【任务描述】

如图 4-6 所示为圆柱的模型和投影直观图，绘制其三面投影图。

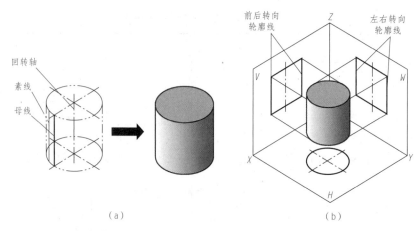

图 4-6　圆柱的形成和投影直观图

（a）圆柱的形成；（b）投影直观图

【任务分析】

如图 4-6（a）所示，圆柱体的表面是由曲面和平面共同围成的，即圆柱面和上下两圆形平面。其中，圆柱面可以看作一条母线围绕与它平行的回转轴旋转而成，素线是圆柱表面平行于轴线的直线。

圆柱

若按图 4-6（b）所示的位置摆放，圆柱的轴线为铅垂线，简称为铅垂圆柱。此时圆柱面上所有的素线都是铅垂线，圆柱面的水平投影积聚成一个圆，正面和侧面投影是一个矩形；而圆柱的上下两个圆形平面是水平面，其水平投影与圆柱面的投影重合，反映实形圆，正面和侧面投影积聚为一条直线。

圆柱正面投影的左、右轮廓线是圆柱面上的最左、最右素线，它们将圆柱分成前、后两个半圆柱面，是主视方向可见与不可见的分界位置。同理，圆柱侧面投影的前、后轮廓线是圆柱面上的最前、最后素线，它们将圆柱分成左、右两个半圆柱面，是左视方向可见与不可见的分界位置。

注意：绘制任何回转体投影图时，必须用细点画线画出轴线和圆的对称中心线。

圆柱投影图的绘制步骤见表 4-3。

表 4-3　圆柱投影图的画图步骤

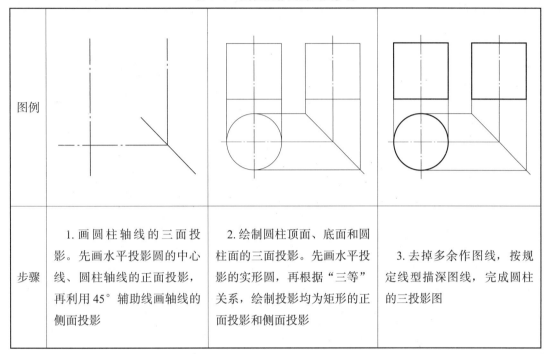

图例		
步骤	1. 画圆柱轴线的三面投影。先画水平投影圆的中心线、圆柱轴线的正面投影，再利用 45°辅助线画轴线的侧面投影	2. 绘制圆柱顶面、底面和圆柱面的三面投影。先画水平投影的实形圆，再根据"三等"关系，绘制投影均为矩形的正面投影和侧面投影	3. 去掉多余作图线，按规定线型描深图线，完成圆柱的三投影图

【知识拓展】

如图 4-7 所示为常见圆柱体的三面投影图示例。

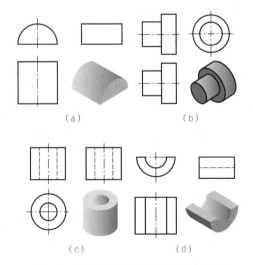

（a）　　　　　　　（b）

（c）　　　　　　　（d）

图 4-7　常见圆柱体的三面投影图示例

（a）半圆柱；（b）叠加圆柱；（c）圆筒；（d）半圆筒

任务四　绘制圆锥的三视图

【任务描述】

如图 4-8 所示为圆锥的模型和投影直观图，绘制其三面投影图。

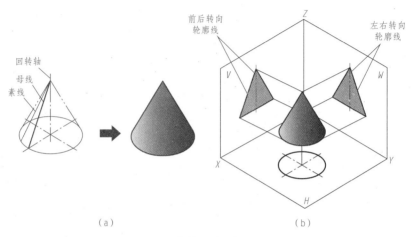

图 4-8　圆锥的形成和投影直观图

（a）圆锥的形成；（b）投影直观图

【任务分析】

如图 4-8（a）所示，圆锥体的表面也是由曲面和平面共同围成的，即圆锥面和底面圆形平面。圆锥面可看成一条母线绕与它相交的轴线旋转而形成的。

若按图 4-8（b）所示的位置摆放，圆锥的轴线为铅垂线，此时圆锥的水平投影为圆，而圆锥面的三面投影均无积聚性，其中水平投影在这个圆内，另两个投影为大小形状完全相同的等腰三角形。圆锥的底面是水平面，其水平投影与锥面的投影重合，反映实形圆。

圆锥正面投影的左、右轮廓线是圆锥面上的最左、最右素线，圆锥被它们分成前、后两个半圆锥面，是主视方向可见与不可见的分界位置。同理，圆锥侧面投影的前、后轮廓线是圆锥面上的最前、最后素线，圆锥被它们分成左、右两个半圆锥面，是左视方向可见与不可见的分界位置。

圆锥

圆锥投影图的绘制步骤见表 4-4。

表 4-4　绘制圆锥投影图的步骤

图例	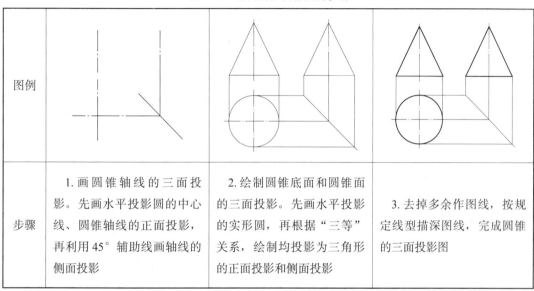		
步骤	1. 画圆锥轴线的三面投影。先画水平投影圆的中心线、圆锥轴线的正面投影，再利用 45°辅助线画轴线的侧面投影	2. 绘制圆锥底面和圆锥面的三面投影。先画水平投影的实形圆，再根据"三等"关系，绘制均投影为三角形的正面投影和侧面投影	3. 去掉多余作图线，按规定线型描深图线，完成圆锥的三面投影图

【知识拓展】

图 4-9 所示为常见圆锥体的三面投影图示例。

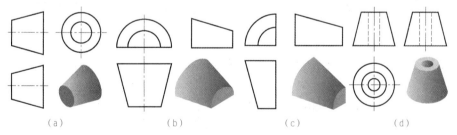

图 4-9　常见圆锥体的三面投影图示例

（a）圆台；（b）半圆台；（c）四分之一半圆台；（d）带孔圆台

任务五　绘制圆球的三视图

【任务描述】

如图 4-10 所示为圆球的模型和投影直观图，绘制其三面投影图。

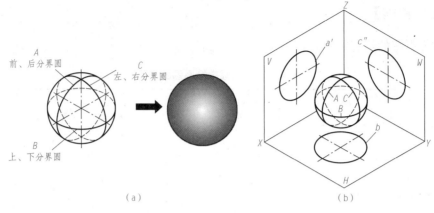

图 4-10　圆球的形成和投影直观图

（a）圆球的形成；（b）投影直观图

◎【任务分析】

如图 4-10（a）所示，圆球表面全部由曲面围成，即球面。球面可看成由一个圆作母线，以其直径为轴线旋转而成。

如图 4-10（b）所示，圆球从任何方向投影都是与圆球直径相等的圆，因此，其三面投影是大小完全相同的三个圆，但这三个圆分别是圆球上3 个不同方向的最大轮廓线圆 A、B、C 的实形投影。其中，圆 A 是圆球前、后转向轮廓圆，即前、后半球面的分界线；圆 B 是圆球上、下转向轮廓圆，即上、下半球面的分界线；圆 C 则是圆球左、右转向轮廓圆，即左、右半球面的分界线。

圆球

【任务实施】

图 4-11 所示为圆球投影图的绘制步骤：

（1）如图 4-11（a）所示，先绘制 3 个投影图的中心线；

（2）如图 4-11（b）所示，再根据球体直径绘制三投影图，即 3 个等径圆。

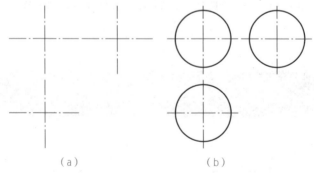

（a）　　　　　　　　　　（b）

图 4-11　圆球投影图的绘制步骤

（a）绘制 3 个投影图的中心线；（b）绘制三投影图

如图 4-12 所示为常见圆球的三面投影图示例。

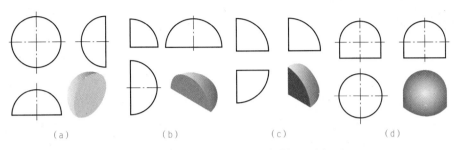

（a）　　　　　　（b）　　　　　　（c）　　　　　　（d）

图 4-12　常见圆球的三面投影图示例

（a）半球；（b）四分之一圆球；（c）八分之一圆球；（d）球头圆柱

机器中零件的结构往往都比较复杂，如果不考虑其上的螺纹、倒角等工艺结构，仅从形体分析角度来看，它们都可以看成由几个简单的基本体（棱柱、棱锥、圆柱、圆锥、圆球等）经过叠加或切割组合而成。这种由两个或两个以上基本体按一定组合方式组成的物体，称为组合体。

组合体的组合方式有 3 种，即叠加型、切割型和综合型。

（1）叠加型。由两个或两个以上的基本体叠加而成的组合体称为叠加型组合体，如图 5-1（a）所示。

（2）切割型。从一个较大的基本体中切除某些部分后形成的组合体称为切割型组合体，如图 5-1（b）所示。

（3）综合型。既有叠加又有切割的组合体称为综合型组合体，如图 5-1（c）所示。

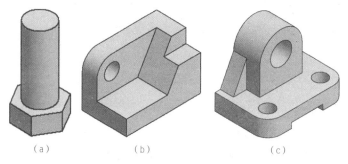

（a） （b） （c）

图 5-1　组合体的组合方式

（a）叠加型；（b）切割型；（c）综合型

本项目主要结合常见的实体模型，完成其三视图的绘制和尺寸标注，并学习读图方法。

任务一　绘制拨叉轴的三视图

【任务描述】

根据图 5-2（a）所示拨叉轴的轴测图，绘制其三视图。

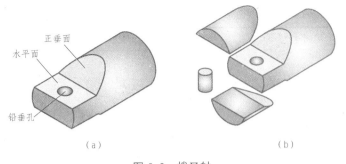

正垂面

水平面

铅垂孔

（a）

（b）

图 5-2　拨叉轴

（a）轴测图；（b）分解图

⊙【任务分析】

　　拨叉轴是在水平放置的圆柱体上用水平面和正垂面切去左上和左下部分，再钻圆柱孔得到，如图 5-2（b）所示。这种基本体被切割后形成的组合体称为切割型组合体。绘制切割体视图的关键在于求切割面与物体表面的截交线，以及切割面之间的交线。

　　本任务主要学习圆柱被截切后其截交线的画法。

📖【相关知识】

1．截交线的性质

　　在切割型组合体中，用来切割物体的平面称为截平面；截平面与立体表面的交线称为截交线；由截交线所围成的封闭的多边形平面称为截断面。截交线具有以下性质：

　　（1）共有性：　截交线是截平面上的线，又是立体表面上的线，因此是截平面和立体表面的共有线。截交线上的点都是截平面和立体表面的共有点。

曲面立体
截交线——圆柱

　　（2）封闭性：立体表面是封闭的，因此，截平面与立体的交线也是一个或多个封闭的平面图形，即截交线是封闭的。

2．截交线的形状

　　截交线的形状取决于立体表面的性质，以及截平面与立体表面的相对位置，通常为直线线框、曲线线框或直线与曲线组成的线框。

　　根据截平面与圆柱轴线的相对位置不同，平面截切圆柱体产生的截交线有三种形状，分别为矩形、圆、椭圆，见表 5-1。

表 5-1　平面与圆柱的截交线

截平面的位置	平行于轴线	垂直于轴线	倾斜于轴线
截交线的形状	矩形	圆	椭圆

截平面的位置	平行于轴线	垂直于轴线	倾斜于轴线
立体图			
投影图			

3. 作截交线的步骤

（1）补全基本体的三面投影。理解基本体的投影关系，特别是回转面的转向轮廓线，作没截切之前基本体的第三面投影，并且分析截平面与回转体轴线的相对位置，了解截交线的形状。

（2）分析截平面上具有积聚性投影的特殊点和一般点。找点时，充分利用积聚性，并判断其可见性。

（3）光滑连接各点，并判断立体的存在域，擦去被切掉部分的图线，完成全图。

如图 5-3 所示为截平面斜切圆柱体截交线的作图过程。

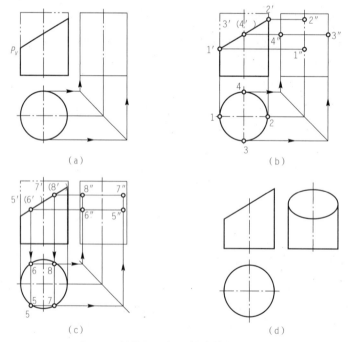

（a）　　　　　　　　　（b）

（c）　　　　　　　　　（d）

图 5-3　斜截平面切圆柱体截交线的作图过程

（a）补全圆柱体的侧面投影；（b）作特殊点；（c）作一般点；（d）光滑连接各点，判断存在域

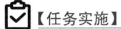

拨叉轴三视图的绘制步骤见表 5-2。

表 5-2　拨叉轴三视图的绘制步骤

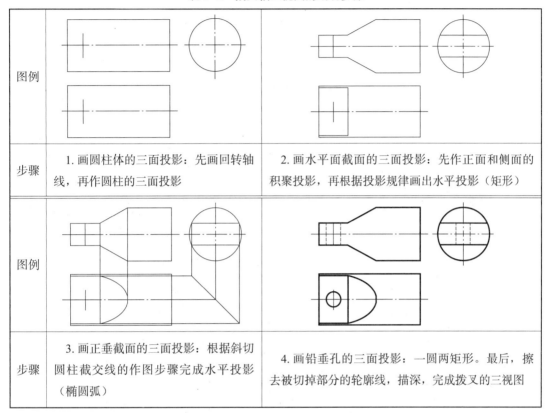

图例	
步骤	1. 画圆柱体的三面投影：先画回转轴线，再作圆柱的三面投影	2. 画水平面截面的三面投影：先作正面和侧面的积聚投影，再根据投影规律画出水平投影（矩形）
图例	
步骤	3. 画正垂截面的三面投影：根据斜切圆柱截交线的作图步骤完成水平投影（椭圆弧）	4. 画铅垂孔的三面投影：一圆两矩形。最后，擦去被切掉部分的轮廓线，描深，完成拨叉的三视图

📄【知识拓展】平面立体截交线

平面立体被截切后，其截交线是一个平面多边形，多边形的边是截平面与立体相关表面的交线，多边形的顶点是截平面与平面立体相关棱线、边线的交点。根据截交线的性质可知，求平面立体截交线的投影，实际上就是求截平面与平面立体表面交线的投影，可归结为求平面立体表面上相关棱线、边线与截平面的交点，然后依次将它们连接起来，即可完成交线的投影（图 5-4）。

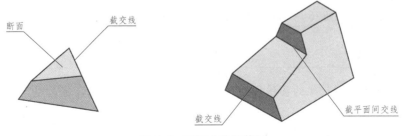

图 5-4　平面立体被截切

65

三棱锥被正垂面截切后，其截交线的作图过程如图 5-5 所示。

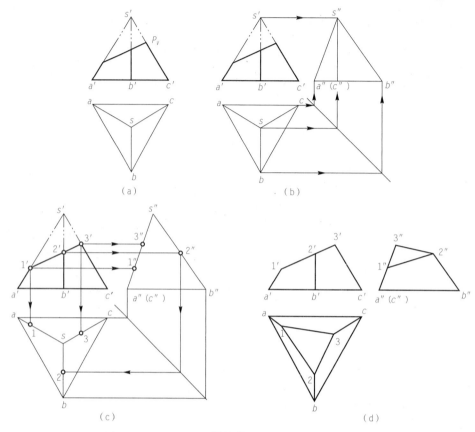

图 5-5 三棱锥截交线的作图过程

（a）原图；（b）补全基本体；（c）作截平面与立体棱线的交点Ⅰ、Ⅱ、Ⅲ的投影；
（d）连接各点，判断存在域

任务二 绘制顶尖的三视图

✓ 【任务描述】

根据如图 5-6 所示顶尖的轴测图，绘制其三视图。

◎ 【任务分析】

顶尖由同轴线的圆锥和圆柱叠加组成，其轴线水平放置，左上角被一水平面和侧平面组合截切。该机件属于综合型组合体。通常采用"先叠加后切割"的方法绘制。

本任务主要学习圆锥被截切后其截交线的画法。

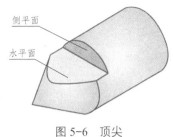

侧平面

水平面

图 5-6　顶尖

　　根据截平面与圆锥轴线的相对位置不同，圆锥上截交线有等腰三角形、圆、椭圆、抛物线加直线和双曲线加直线 5 种情形，见表 5-3。

表 5-3　平面与圆锥的截交线

截平面的位置	过锥顶	不过锥顶			
		垂直于轴线	只切到锥面	平行于一素线	平行于轴线
截交线的形状	等腰三角形	圆	椭圆	抛物线加直线	双曲线加直线
立体图					
投影图					

　　顶尖三视图的绘制步骤见表 5-4。

表 5–4　顶尖三视图的绘制步骤

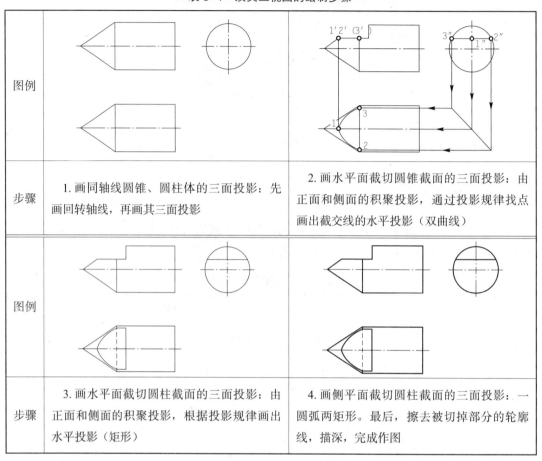

图例	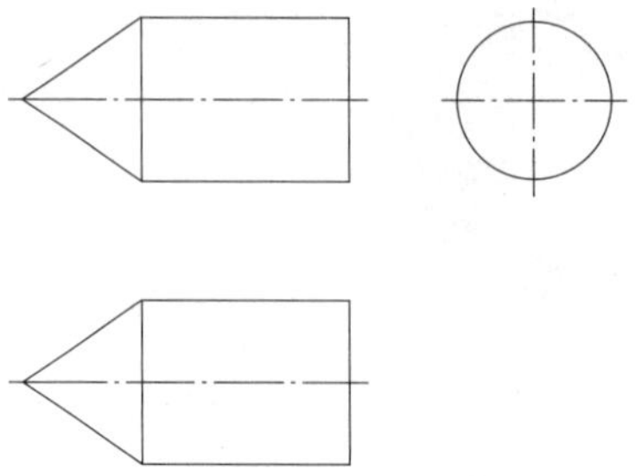	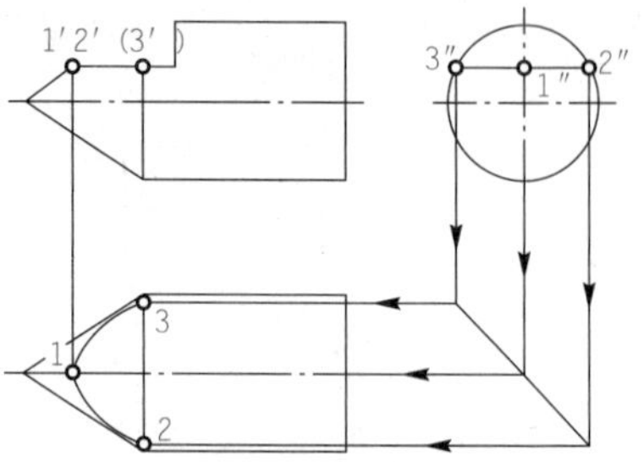
步骤	1. 画同轴线圆锥、圆柱体的三面投影：先画回转轴线，再画其三面投影	2. 画水平面截切圆锥截面的三面投影：由正面和侧面的积聚投影，通过投影规律找点画出截交线的水平投影（双曲线）
图例	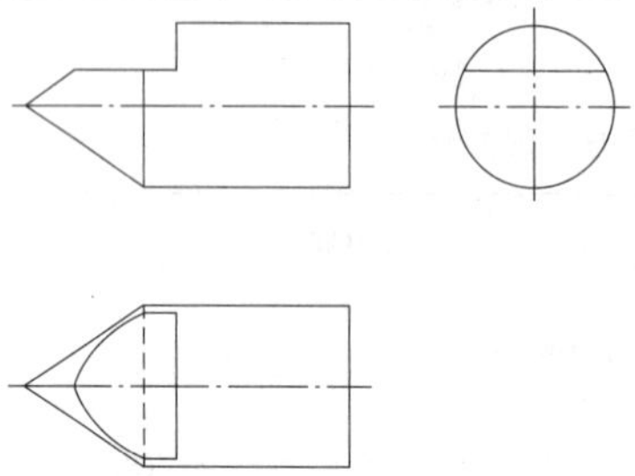	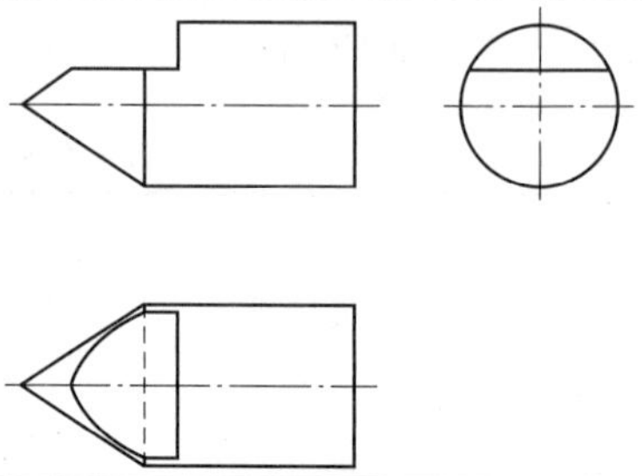
步骤	3. 画水平面截切圆柱截面的三面投影：由正面和侧面的积聚投影，根据投影规律画出水平投影（矩形）	4. 画侧平面截切圆柱截面的三面投影：一圆弧两矩形。最后，擦去被切掉部分的轮廓线，描深，完成作图

任务三　绘制球芯的三视图

【任务描述】

根据如图 5–7 所示球芯的轴测图，绘制其三视图。

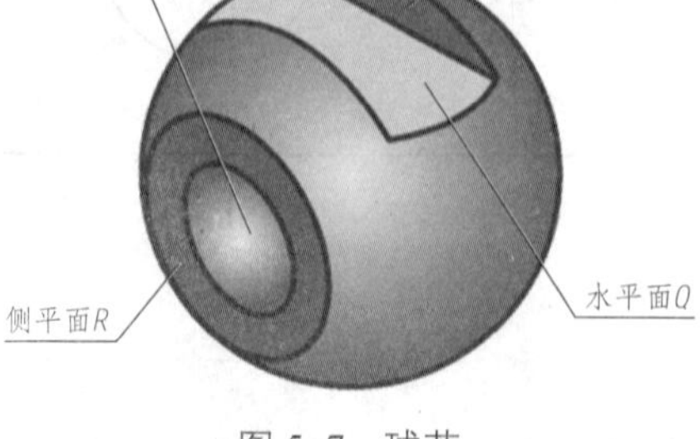

图 5–7　球芯

【任务分析】

　　球芯是圆球的正上方被两侧平面和一水平面切槽，左右各被一侧平面截切，并从左向右钻通孔得到。该机件属于切割型组合体。

　　本任务主要学习圆球被截切后其截交线的画法。

【相关知识】

　　由于圆球的特殊性，其被任何方向的平面截切，其截交线都是圆。截平面过球心所得圆的直径最大，等于圆球的直径，离球心越远，圆的直径越小。当截平面平行于投影面时，截交线在该投影面上的投影为圆（反映真实性）；当截平面垂直于投影面时，在该投影面上的投影为直线（反映积聚性）；截平面倾斜于投影面时，在该投影面上的投影为椭圆（反映类似性）。图5-8列出了三种投影面平行面截切圆球所得截交线的投影画法。

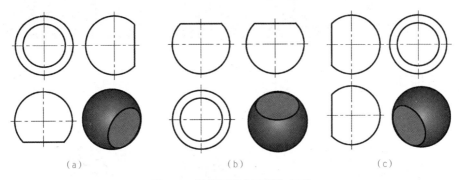

图 5-8　投影面平行面截切圆球

（a）正平面截切；（b）水平面截切；（c）侧平面截切

【任务实施】

　　球芯三视图的绘制步骤见表 5-5。

表 5-5　球芯三视图的绘制步骤

图例		
步骤	1. 画圆球的三面投影：先画回转轴线，再画其三面投影	2. 画圆球切槽的三面投影：水平截面的正面和侧面投影积聚为直线，水平截交线为圆弧，两侧截面的正面和水平截面投影积聚为直线，侧面交线为圆弧

图例	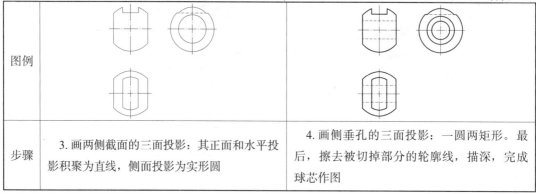	
步骤	3.画两侧截面的三面投影：其正面和水平投影积聚为直线，侧面投影为实形圆	4.画侧垂孔的三面投影：一圆两矩形。最后，擦去被切掉部分的轮廓线，描深，完成球芯作图

任务四　绘制三通管的三视图

【任务描述】

根据如图 5-9 所示三通管的轴测图，绘制其三视图。

（a）　　　　　　　　　　　（b）

图 5-9　三通管

（a）轴测图；（b）内、外相贯线

【任务分析】

如图 5-9（a）所示，三通管由直径不等的两圆柱正交组成，水平放置的圆柱钻有通孔，铅垂放置的圆柱也钻孔到水平圆柱孔内，其内、外柱面相交均产生交线，如图 5-9（b）所示，这种两回转体表面相交产生的交线称为相贯线。

本任务主要学习圆柱正交相贯的画法和步骤。

相贯线

【相关知识】

立体表面相交形成相贯线时，有 3 种相交形式：实体与实体的两外表面相交；实体与虚体（孔结构）的外表面、内表面相交；虚体与虚体的两内表面相交。相贯线的形状与回转体的形状、大小及回转轴线的相对位置有关。

1. 相贯线的性质

（1）相贯线是两回转体表面的共有线，是两回转体表面共有点的集合。

（2）相贯线是两回转体表面的分界线。

（3）相贯线一般为封闭的空间曲线，特殊情况下可能不封闭或是平面曲线。

根据上述性质可知，求相贯线就是求两回转体表面的共有点。

2. 求相贯线的步骤

（1）画出两圆柱的三面投影，分析两圆柱轴线的相对位置、直径大小和相贯线的形状。

（2）分析相贯线的特殊点和一般点，找点时，充分利用积聚性，并判断其可见性。

（3）光滑连接各点。

 【任务实施】

三通管三视图的绘制步骤见表 5-6。

表 5-6 三通管三视图的绘制步骤

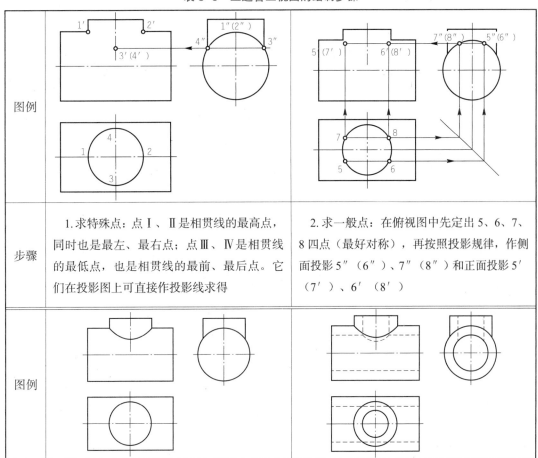

图例	(图示)	(图示)
步骤	1.求特殊点：点Ⅰ、Ⅱ是相贯线的最高点，同时也是最左、最右点；点Ⅲ、Ⅳ是相贯线的最低点，也是相贯线的最前、最后点。它们在投影图上可直接作投影线求得	2.求一般点：在俯视图中先定出5、6、7、8四点（最好对称），再按照投影规律，作侧面投影5″（6″）、7″（8″）和正面投影5′（7′）、6′（8′）
图例	(图示)	(图示)

步骤	3. 判断可见性及光滑连接各点。由于该相贯线前后对称，且形状相同，所以其正投影的可见与不可见部分重合，画粗实线	4. 完成相贯内孔的三投影。作图方法同上步骤。注意投影的可见性

【知识拓展】

（1）两圆柱轴线垂直正交相贯时，相贯线的变化情况见表 5-7。

表 5-7　轴线垂直相交的两圆柱直径变化对相贯线的影响

两圆柱直径关系	$D_1 > D_2$	$D_1 = D_2$	$D_1 < D_2$
相贯线的特点	上、下两条空间曲线	两个互相垂直的椭圆	左、右两条空间曲线
立体图	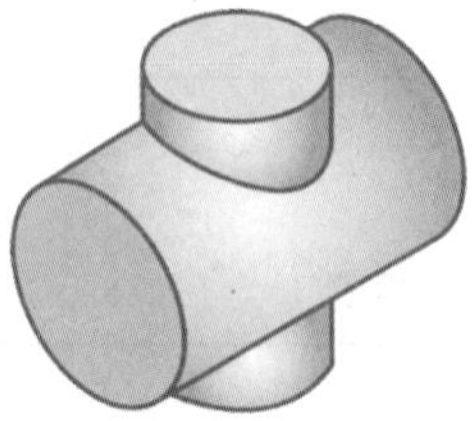	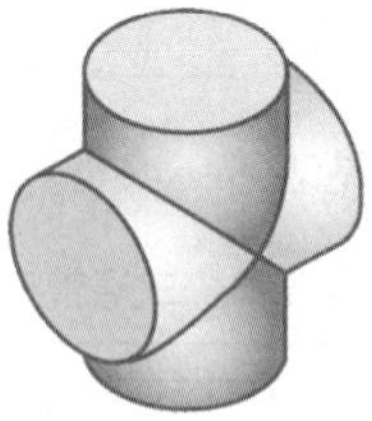	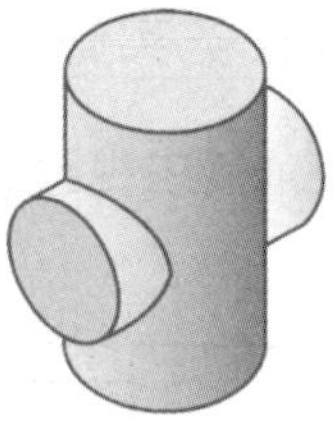
投影图	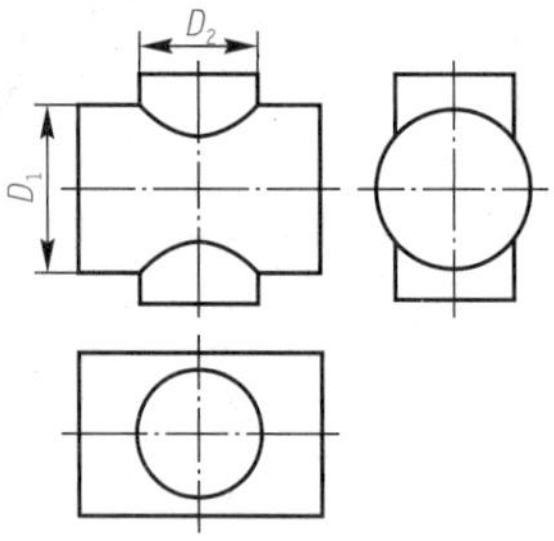	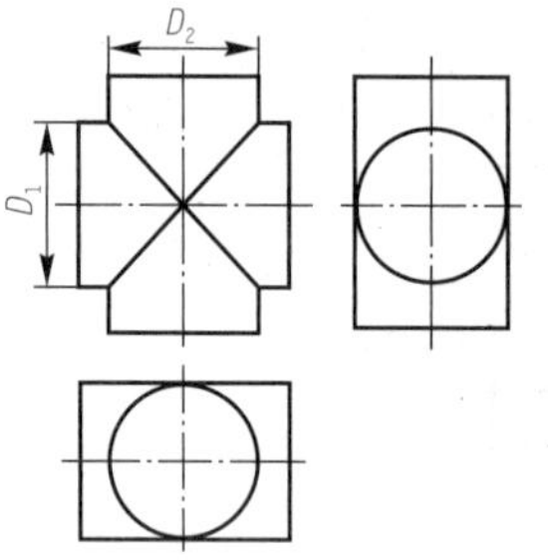	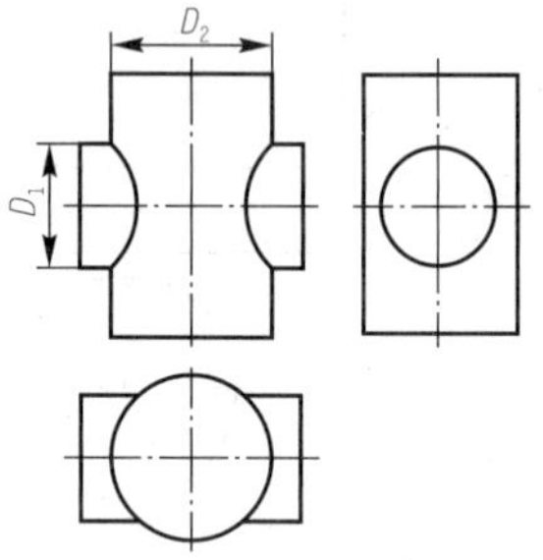

（2）圆柱穿孔的相贯线见表 5-8。

表 5-8　圆柱穿孔的相贯线

形式	柱孔相贯	不等径孔相贯	等径孔相贯
立体图	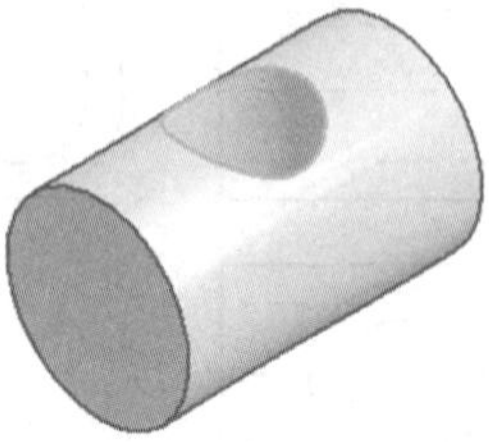	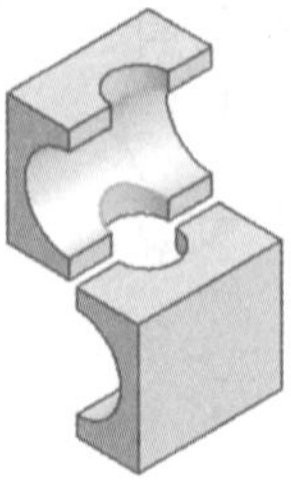	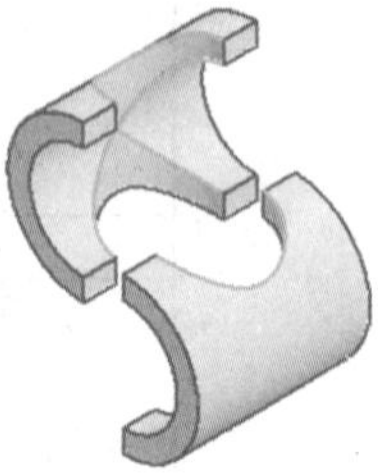

形式	柱孔相贯	不等径孔相贯	等径孔相贯
投影图	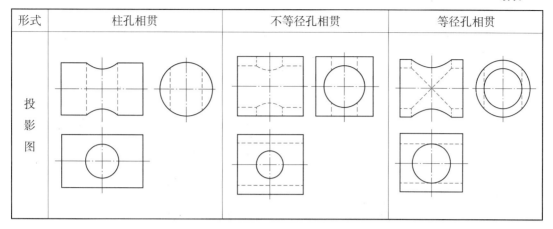		

（3）相贯线的简化画法。正交两圆柱体的相贯线，在零件中最常见。这种结构可在加工过程中自然形成，因而在作图时，对图形准确度要求不高，且直径尺寸比值在某一范围内时，可用圆弧代替相贯线的投影，即用圆弧代替非圆视图相贯线的投影。

作图过程：在非圆视图上，以转向轮廓线的交点为圆心，大圆柱（孔）的半径为圆弧半径，交小圆柱（孔）轴线外侧于一点，如图 5-10（a）所示，再以此点为圆心作经过相贯线上特殊点的圆弧，如图 5-10（b）所示。

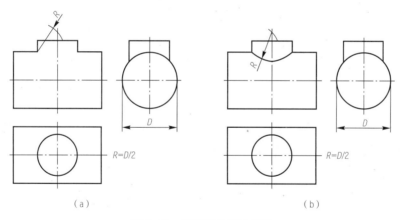

（a）   （b）

图 5-10　相贯线的简化画法

任务五　绘制轴承座的三视图

【任务描述】

根据如图 5-11（a）所示轴承座的轴测图，绘制其三视图。

【任务分析】

　　轴承座属于综合型组合体，应先从叠加角度看组合体由哪些几何体构成，可以将其分解为轴承、支承板、底座和肋板4部分，如图5-11（b）所示；再从挖切角度看组合体切掉哪些结构形成孔、槽、缺角。根据各组成部分的结构特点、它们之间的相对位置和组合形式，处理好两形体相邻表面的连接关系，分别画出各自的三视图，即可完成该组合体的三视图。

组合体的形体分析

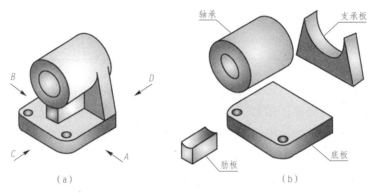

图 5-11　轴承座的形体分析

（a）轴测图；（b）分解图

【相关知识】

1．形体分析法

　　假想将一个复杂的组合体分解成若干个基本几何体，分析各部分的形状、相对位置关系及各形体邻接面之间的关系，从而形成组合体整体结构形状，这种分析组合体的思维方法称为形体分析法。用形体分析法分析组合体，能化繁为简，化难为易，提高绘图的质量和速度。

2．组合体中相邻两表面之间的连接关系

　　（1）平齐。平齐是指两基本体相邻表面处于同一位置，表示一个平面，即共面关系，此时两表面分界处没有界线，视图中不画线，如图5-12（a）所示。

　　（2）不平齐。两基本体相邻表面不平齐时，表示不同的两个面，连接处应有分界线，则图中有投影线，如图5-12（b）所示。

　　（3）相切。两基本体相邻表面（平面与曲面或曲面与曲面）相切时，表面之间呈光滑过渡，相切处无轮廓界线，因此，在相切处不画切线的投影，但相关表面交线的投影要画到切线端点处，如图5-13（a）所示。

　　（4）相交。两基本体相邻表面相交时，会产生交线，交线可能由两平面相交产生，也可能由平面与曲面相交产生，还可能由两曲面相交产生，应分析清楚后，正确画出交线的投影，如图5-13（b）所示。

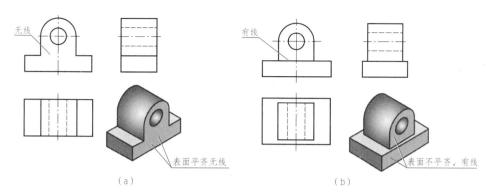

图 5-12 相邻立体表面间的关系（一）

（a）平齐；（b）不平齐

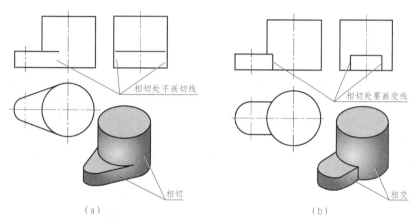

图 5-13 相邻立体表面间的关系（二）

（a）相切；（b）相交

3. 选择主视图

主视图是表达组合体中最主要的视图，主视图的投影方向一经确定，其他两视图的投影方向也就随之确定了。

选择主视图的原则如下：

（1）按稳定位置放置组合体，并使其上的主要平面、轴线对投影面处于平行或垂直的特殊位置；

（2）选择反映组合体各部分的形状特征及其相对位置的方向作为主视图的投影方向，并使图中的虚线尽可能少。

4. 画图应注意的问题

（1）画图的一般顺序：先画主要组成部分和大形体，后画次要部分和小形体；先画反映形体特征的视图，再画其他视图；先画外部轮廓，后画内部形状；先画实线，后画虚线。

（2）按形体分析法将组合体分解成若干几何形体后，同一形体的三个视图，应按投影关系同时进行绘制。

组合体三视图
的画法

（3）各形体的三个视图绘制完成后，应检查两相邻表面连接处的投影是否正确。

【任务实施】

1. 形体分析

如图 5-11 所示，支承板叠放在底板上，它与底板的右端面平齐，上方与轴承柱面相切。轴承下方与支承板结合，右面较支承板向右凸出一些。肋板叠加在底板上，其上部与轴承圆柱面相交，右端面与支承板连接在一起。

2. 选择主视图

选择轴承座稳定位置放置后，有四个方向可选，如图 5-11（a）所示。A 向和 B 向相比较，B 向的左视图虚线较多，因此选择 A 向较好；C 向和 D 向比较，D 向虚线多，因此选择 C 向较好。而 A 向和 C 向相比，A 向更能反映基本体间相对位置，C 向更能反映形状特征，均可作为主视图投影方向，这里选择 A 向为主视图。主视图确定后，其他视图也就确定了。

3. 定比例、布置视图

视图选择好后，首先根据组合体的大小和图幅规格，选定适当的画图比例。然后考虑标注尺寸所需的位置，确定好各视图在图框内的位置，力求匀称地将视图布置在图纸绘图区域，使图形清晰美观。

4. 绘制底稿

底稿用细线轻轻画出，从主要结构入手，逐个画出各形体的 3 个视图。底稿线应力求清晰、准确。

5. 检查、描深

底稿完成后，必须仔细检查，确认没有错误和多余图线后再按规定描深。一般按先圆或圆弧后直线的顺序描深。

轴承座三视图的绘制步骤见表 5-9。

表 5-9　轴承座三视图的绘制步骤

图例	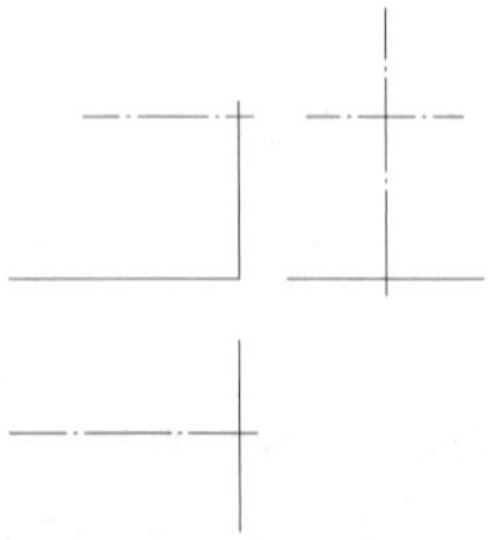	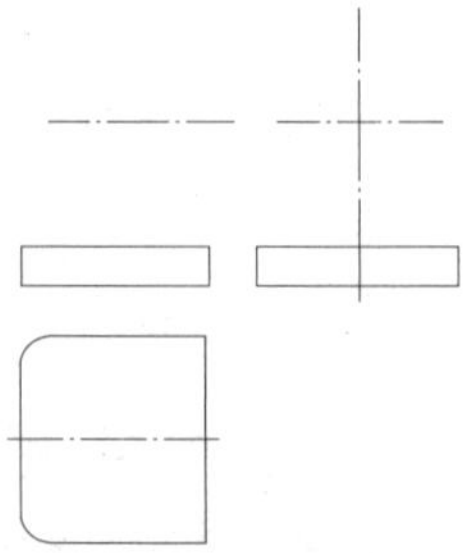
步骤	1. 画基准线，合理布置三视图的位置：长度以底板右端面、宽度以轴承对称轴线、高度以底板底面为基准	2. 画底板：先画俯视图，再画主、左视图

图例	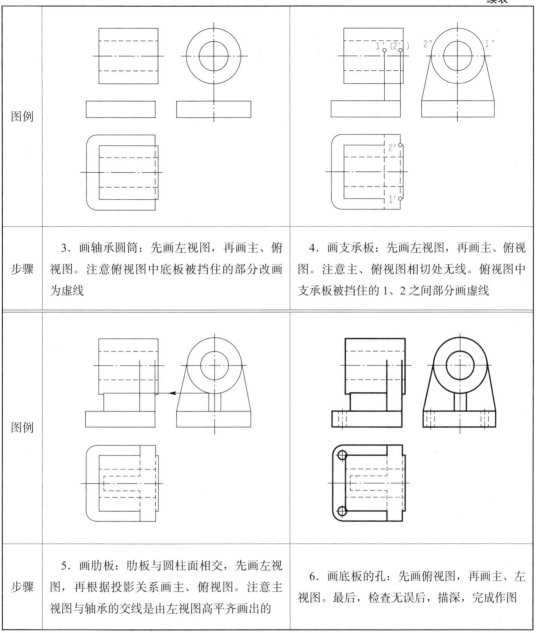	
步骤	3. 画轴承圆筒：先画左视图，再画主、俯视图。注意俯视图中底板被挡住的部分改画为虚线	4. 画支承板：先画左视图，再画主、俯视图。注意主、俯视图相切处无线。俯视图中支承板被挡住的1、2之间部分画虚线
图例		
步骤	5. 画肋板：肋板与圆柱面相交，先画左视图，再根据投影关系画主、俯视图。注意主视图与轴承的交线是由左视图高平齐画出的	6. 画底板的孔：先画俯视图，再画主、左视图。最后，检查无误后，描深，完成作图

任务六　绘制导向块的三视图

【任务描述】

根据如图 5-14（a）所示导向块的轴测图，绘制其三视图。

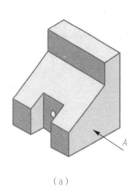

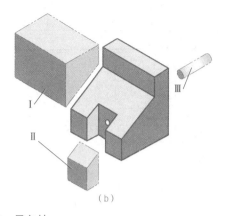

图 5-14 导向块

（a）轴测图；（b）分解图

【任务分析】

    对于切割较多的组合体，常常由于多次截切，相互影响，使得形体不完整，局部结构的截面形状较为复杂，给绘图带来很大难度。这类组合体绘图时，需要针对切割部分运用线面投影特性分析其交线的投影情况，以此来完成三视图的绘制。

    导向块可以看成由长方体依次切去Ⅰ、Ⅱ、Ⅲ三个形体而形成的切割型组合体，如图 5-14（b）所示。绘图时，可以先画出长方体的三视图，再依次画出所切形体的三视图。如图 5-14（a）所示，A 向最能反映导向块的形状特征，因此，选择此方向为主视图的投影方向。

【任务实施】

导向块三视图的绘制步骤见表 5-10。

表 5-10 导向块三视图的绘制步骤

图例		
步骤	1. 画四棱柱的三视图	2. 切去形体Ⅰ（四棱柱）后，先画主视图，再根据投影关系画出俯、左视图

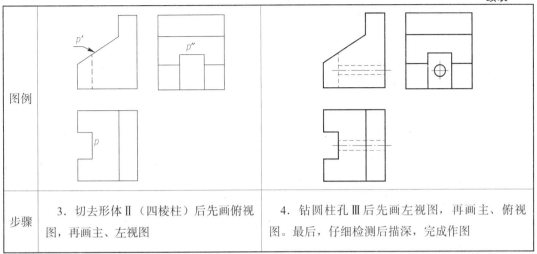

图例		
步骤	3．切去形体Ⅱ（四棱柱）后先画俯视图，再画主、左视图	4．钻圆柱孔Ⅲ后先画左视图，再画主、俯视图。最后，仔细检测后描深，完成作图

任务七　读支架的三视图

【任务描述】

如图 5-15 所示，读懂组合体支架的三视图。

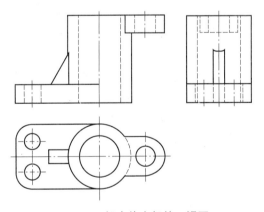

图 5-15　组合体支架的三视图

【任务分析】

画图是用正投影原理将空间立体表达成二维图形的过程，而读图是根据给定的二维视图，想象立体三维形状的过程，也就是说，读图是画图的逆过程。读图时，运用三视图投影规律，正确分析视图中的每条线、每个线框所表示的含义，综合想象出该立体的空间形状。

一、读组合体视图的要领

1. 几个视图联系起来看

一般来说，立体的形状需要通过多个视图来表达，如果仅有一个视图是不能唯一确定立体形状的，如图5-16所示的一组视图中，虽然主视图都相同，但由于俯视图不同，所表达的立体形状也就不同。有时两个视图也不能唯一确定立体的形状，如图5-16（b）、（c）所示，主视图、左视图虽然相同，但俯视图不同，立体的形状也就不同。因此，读图时需要将三个视图联系起来分析，才能准确地想象出立体的形状。

识读组合体视图
基本要领

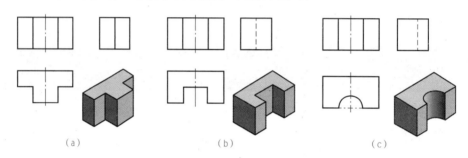

（a）　　　　　　　　（b）　　　　　　　　（c）

图5-16　一个或两个视图不能唯一确定立体的空间形状

2. 理解视图中图线的空间含义

（1）具有积聚性平面或曲面的投影。如图5-17（a）所示的1表示侧平面的正面投影，如图5-17（b）所示的2表示铅垂圆柱面的水平投影，都反映积聚性。

（2）表示两表面交线的投影。如图5-17（b）所示的3表示肋板与铅垂圆柱的交线。

（3）表示回转面的转向轮廓线。如图5-17（b）所示的4表示铅垂圆柱面的正面转向轮廓线。

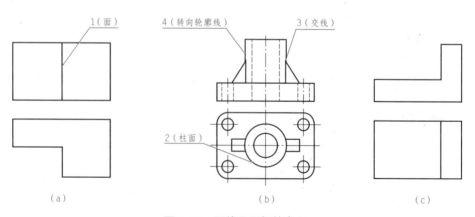

（a）　　　　　　　　（b）　　　　　　　　（c）

图5-17　图线及图框的含义

3．明确视图中线框的空间含义

（1）一个封闭的线框表示一个表面（平面或曲面）。图5-17（a）所示俯视图的线框表示立体的上表面和下表面，图5-17（c）所示主视图的线框表示立体的前表面和后表面，图5-17（b）所示主视图上方中间的矩形线框表示圆柱的柱面。

（2）相邻两封闭线框表示立体上位置不同的两个面，这两个面可能是相交或交错，如图5-17（a）所示，主视图的相邻两线框表示两个交错的表面，它们的位置一前一后；如图5-17（c）所示，俯视图的相邻两线框表示一高一低的两个表面；如图5-17（b）所示，主视图上方的矩形和三角形相邻两线框表示两相交的表面，它们是圆柱柱面和邻接的肋板的前、后面。

（3）视图上一个大线框内包含的小线框，一般表示大立体上的凹、凸关系或通孔。如图5-17（b）所示，俯视图中大矩形包含大圆，结合主视图，可知在底板上方凸起一圆柱。同时，俯视图中大圆包含小圆，由主视图可知，大圆柱上挖去一小圆柱通孔。

4．找特征视图

特征视图包括形状特征视图和位置特征视图。如图5-17（b）所示的俯视图最能反映物体的形状特征，而主视图最能表达各形体间的相对位置关系。读图时，从特征视图入手，与其他视图联系起来，能快速且准确地想象出立体的形状。

■ 二、读图的基本方法

读图方法一般包括形体分析法和线面分析法两种。线面分析法是形体分析法的补充。

形体分析法读图是指读图时根据组合体的特点，把表达形状特征最明显的视图分成若干个封闭线框，再按照投影规律及各视图之间的联系，想象出各部分形状，同时，根据表达位置特征明显的视图，分析出各形体之间的相对位置，最后综合各形体的形状和形体之间的相对位置，想象出组合体的整体形状。

线面分析法读图

当形体被切割、形体不规则或形体投影重合时，用形体分析法往往不能直接想象出物体的形状，这时需要用线面分析法帮助读图。所谓线面分析法就是根据视图中图线、线框的含义，运用投影规律，分析相邻表面的

形体分析法读图

相对位置、表面的形状及面与面的交线，从而确定物体的结构形状。线面分析法通常用于切割型组合体的读图。

通常读图时，形体分析法和线面分析法相辅相成、缺一不可，以形体分析为主，线面分析攻难点。

 【任务实施】

支架三视图的读图步骤见表5-11。

表 5-11　读支架三视图的步骤

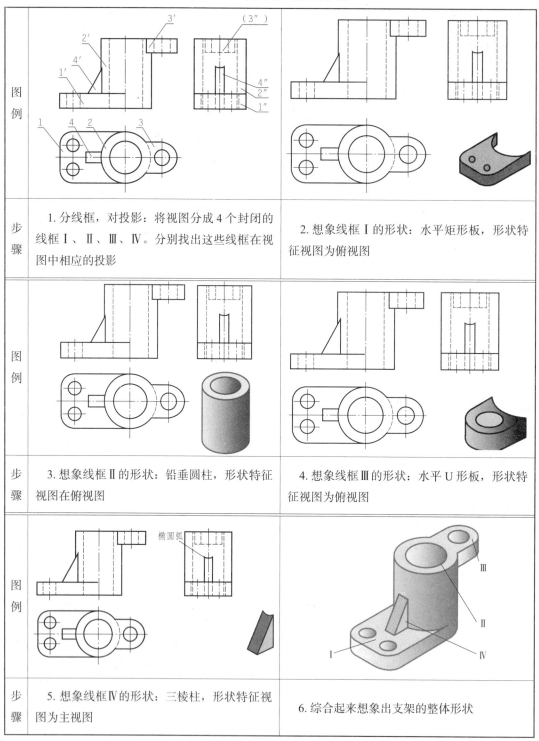

图例		
步骤	1. 分线框，对投影：将视图分成 4 个封闭的线框 Ⅰ、Ⅱ、Ⅲ、Ⅳ。分别找出这些线框在视图中相应的投影	2. 想象线框 Ⅰ 的形状：水平矩形板，形状特征视图为俯视图
图例		
步骤	3. 想象线框 Ⅱ 的形状：铅垂圆柱，形状特征视图在俯视图	4. 想象线框 Ⅲ 的形状：水平 U 形板，形状特征视图为俯视图
图例		
步骤	5. 想象线框 Ⅳ 的形状：三棱柱，形状特征视图为主视图	6. 综合起来想象出支架的整体形状

【案例 5-1】读压块的三视图，如图 5-18 所示。

分析：压块是一个典型的切割体，用多个平面截切长方体得到。读图时，主要用线面分析法，其读图步骤见表 5-12。

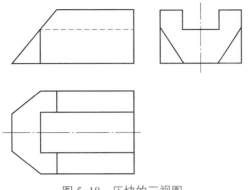

图 5-18 压块的三视图

表 5-12 压块三视图的读图步骤

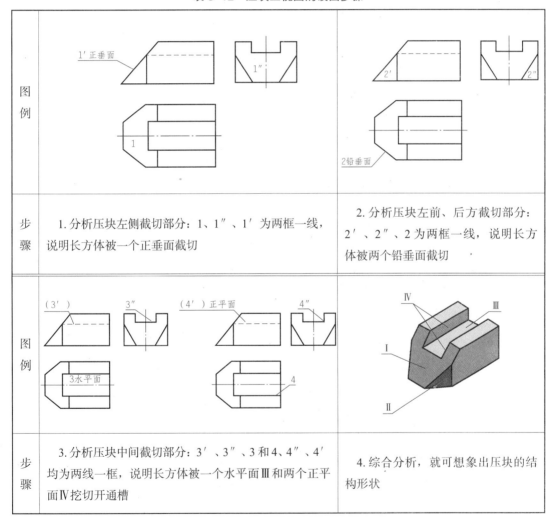

图例	 1′正垂面　1″ 1	 2′　2″ 2铅垂面
步骤	1.分析压块左侧截切部分：1、1″、1′为两框一线，说明长方体被一个正垂面截切	2.分析压块左前、后方截切部分：2′、2″、2为两框一线，说明长方体被两个铅垂面截切
图例	（3′）　3″ 3水平面	（4′）正平面　4″ 4 Ⅳ　Ⅲ　Ⅰ　Ⅱ
步骤	3.分析压块中间截切部分：3′、3″、3和4、4″、4′均为两线一框，说明长方体被一个水平面Ⅲ和两个正平面Ⅳ挖切开通槽	4.综合分析，就可想象出压块的结构形状

【案例 5-2】补画支架的左视图，如图 5-19 所示。

分析：根据图 5-19 所示的主视图、俯视图可知支架是一综合型组合体，主要运用形体分析法识读，读懂后再绘制出左视图。其绘图步骤见表 5-13。

83

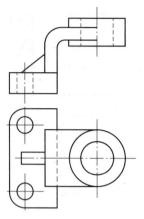

图 5-19　补画支架的左视图

表 5-13　补画支架左视图的步骤

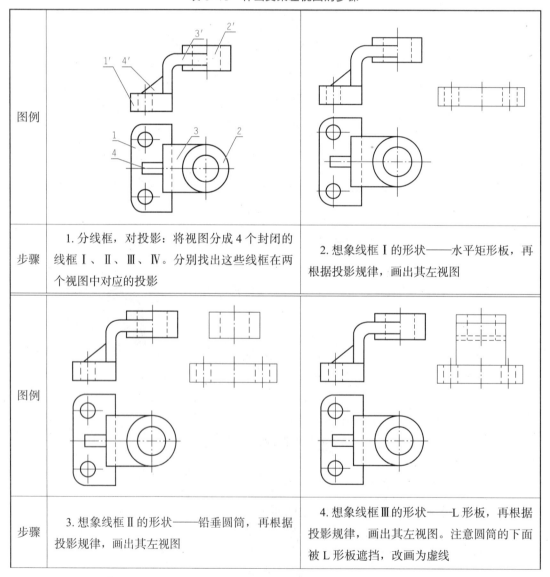

	图例
步骤	1. 分线框，对投影：将视图分成 4 个封闭的线框 Ⅰ、Ⅱ、Ⅲ、Ⅳ。分别找出这些线框在两个视图中对应的投影
	2. 想象线框 Ⅰ 的形状——水平矩形板，再根据投影规律，画出其左视图
图例	
步骤	3. 想象线框 Ⅱ 的形状——铅垂圆筒，再根据投影规律，画出其左视图
	4. 想象线框 Ⅲ 的形状——L 形板，再根据投影规律，画出其左视图。注意圆筒的下面被 L 形板遮挡，改画为虚线

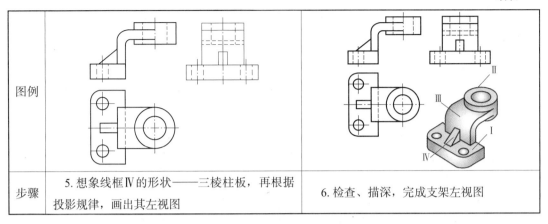

图例		
步骤	5. 想象线框Ⅳ的形状——三棱柱板，再根据投影规律，画出其左视图	6. 检查、描深，完成支架左视图

任务八　标注轴承座的尺寸

【任务描述】

根据轴承座的三视图，对其进行尺寸标注，如图 5-20 所示。

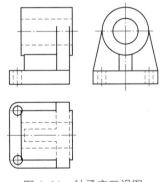

图 5-20　轴承座三视图

【任务分析】

视图只能表达物体的形状结构及各部分的相对位置，物体的大小则要根据视图上所标注的尺寸来确定。如何正确、完整、清晰、合理地标注轴承座的尺寸，是本任务主要解决的问题。

【相关知识】

1. 尺寸标注的基本要求

标注组合体尺寸必须做到正确、完整、清晰、合理。

（1）正确：尺寸数字应正确无误，符合国家标准《机械制图 尺寸注法》（GB/T 4458.4—2003）和《技术制图 简化表示法 第2部分：尺寸注法》（GB/T 16675.2—2012）中尺寸注法的规定。

（2）完整：标注的尺寸应该能完全确定物体的大小，既不重复也不遗漏。

（3）清晰：尺寸布置应清晰、醒目、整齐，便于看图。

（4）合理。

组合体的尺寸标注

2．尺寸基准

标注尺寸的起始位置称为尺寸基准，也就是说尺寸基准是度量尺寸的起点。组合体有长、宽、高3个方向的尺寸，每个方向至少各有一个主要基准。组合体的尺寸标注中，常选取对称面、底面、端面、轴线等几何元素作为尺寸基准。在选择基准时，每个方向除一个主要基准外，根据情况还可以有几个辅助基准。基准选定后，各方向的主要尺寸（尤其是定位尺寸）就应从相应的尺寸基准进行标注。

3．尺寸的分类

（1）定形尺寸。确定组合体各组成基本体形状长、宽、高3个方向大小的尺寸。

（2）定位尺寸。确定组合体各组成基本体之间相对位置的尺寸。

（3）总体尺寸。确定组合体外形总长、总宽、总高的尺寸。

4．标注组合体尺寸的步骤

（1）形体分析，即将组合体分解成若干个基本体以及确定它们之间的位置关系。

（2）选定组合体长、宽、高3个方向的主要尺寸基准。

（3）逐个标出各组成形体的定形、定位尺寸。

（4）标注长、宽、高3个方向的总体尺寸。

（5）对尺寸进行检查、调整、核对，达到正确、完整、清晰、合理。

【任务实施】

轴承座三视图尺寸标注的步骤见表5-14。

表5-14 轴承座三视图尺寸标注的步骤

图例	

步骤	1. 形体分析，确定长、宽、高基准，标注形体间的定位尺寸	2. 标注底板的定形、定位尺寸
图例	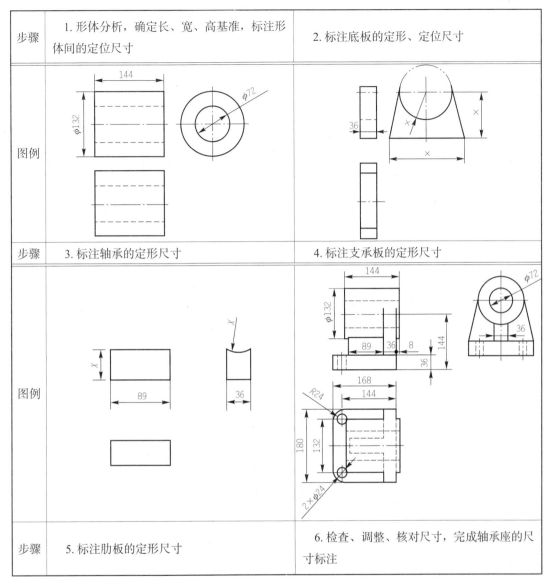	
步骤	3. 标注轴承的定形尺寸	4. 标注支承板的定形尺寸
图例		
步骤	5. 标注肋板的定形尺寸	6. 检查、调整、核对尺寸，完成轴承座的尺寸标注

在组合体尺寸标注过程中，要注意以下几点：

（1）尺寸应尽量集中标注在反映形状特征最明显的视图上，如轴承座底板的标注。

（2）尺寸尽量标注在视图的外面，以使图形清晰。但当视图内有足够的空间标注尺寸，而不影响图形清晰时，也允许标注在视图内。

（3）同一视图上的平行尺寸，小尺寸在内，大尺寸在外，间隔均匀，以免尺寸线与尺寸界限交错重叠；同方向上的串联尺寸，箭头应互相对齐，排在一直线上。

（4）与两视图相关的尺寸，最好放在两视图之间，以保持视图间的联系。

（5）在标注圆柱等回转体的直径时，通常注在非圆视图上，而半径尺寸必须注在投影为圆弧的视图上；尺寸尽量避免标注在虚线上。

（6）当形体一端为回转面时，该方向的总体尺寸不标注，只标注回转体轴线的定位尺寸。

（1）基本几何体的尺寸标注，如图 5-21 和图 5-22 所示。

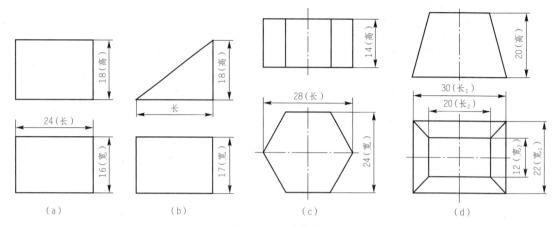

图 5-21　平面立体的尺寸标注

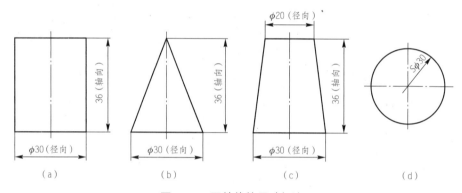

图 5-22　回转体的尺寸标注

（2）常见板结构的尺寸标注，如图 5-23 所示。

（3）切割体和相贯体的尺寸标注。在标注切割体的尺寸时，除应标注出基本体的定形尺寸外，还应标注出确定截平面位置的尺寸。截交线是基本体被截切后自然产生的，因此，对截交线不再标注尺寸，如图 5-24（a）、（b）所示。

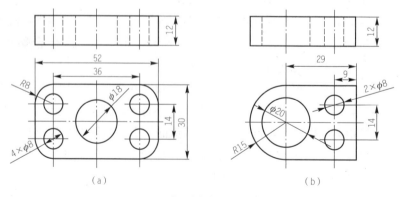

图 5-23　常见板结构的尺寸标注

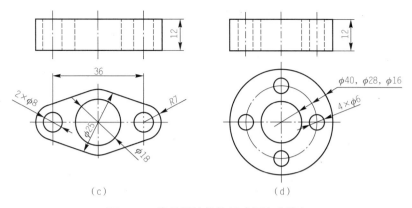

（c）　　　　　　　　　　　（d）

图 5-23　常见板结构的尺寸标注（续）

在标注相贯体的尺寸时，相贯线是两回转体相交而形成的，相贯线与两回转体间的轴线位置和直径大小有关，因此，不标注相贯线的定形尺寸，只标注相贯的两回转体之间的定位尺寸，如图 5-24（c）所示。

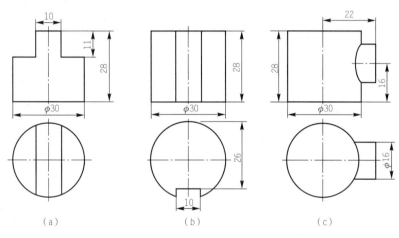

（a）　　　　　　　　（b）　　　　　　　（c）

图 5-24　切割体和相贯体的尺寸标注

【案例 5-3】根据任务六完成的导向块三视图，标注其尺寸，如图 5-25 所示。

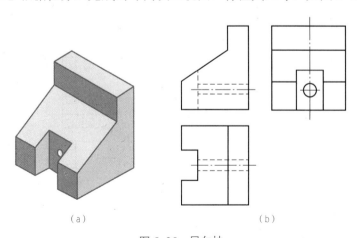

（a）　　　　　　　　　　（b）

图 5-25　导向块

（a）轴测图；（b）三视图

分析：由任务六分析可知，导向块是切割型的组合体。其基本形体为四棱柱，左上角被两个正垂面截切，左中部分被一个侧平面和两个正平面切槽，并开通孔。根据前面所学知识，先标注基本体的定形尺寸，再标注各截平面的位置尺寸。标注步骤见表5-15。

表5-15 导向块三视图尺寸标注的步骤

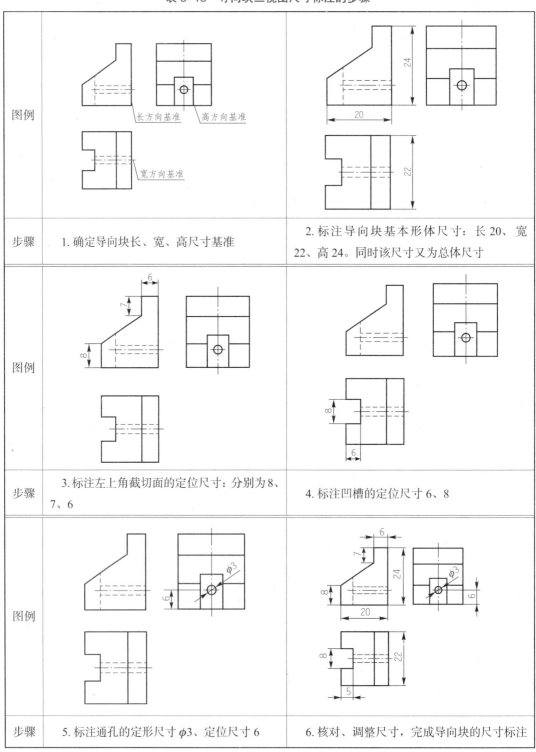

图例	
步骤	1.确定导向块长、宽、高尺寸基准
	2.标注导向块基本形体尺寸：长20、宽22、高24。同时该尺寸又为总体尺寸
步骤	3.标注左上角截切面的定位尺寸：分别为8、7、6
	4.标注凹槽的定位尺寸6、8
步骤	5.标注通孔的定形尺寸φ3、定位尺寸6
	6.核对、调整尺寸，完成导向块的尺寸标注

在实际生产中，机件的种类繁多，形状结构也千差万别、多种多样，有些比较复杂的机件，仅用前面介绍的三视图难以将零件的结构表达清楚，因此，还需要增加表达方法。要把机件的内外结构形状表达完整、清晰、简洁，必须根据机件的结构特点及复杂程度，采用适当的表达方法。为此，国家标准《技术制图 图样画法 视图》（GB/T 17451—1998）和《机械制图 图样画法 视图》（GB/T 4458.1—2002）规定了视图、剖视图、断面图或图样画法中规定的其他表达方法，供绘图时采用。

本项目主要结合常见的机件实体模型，介绍不同表达方法的画法、标注，并综合运用表达方法完整、清晰地表达机件。

任务一　绘制垫块的基本视图

基本视图是机件向基本投影面投射所得的视图，主要用于表达机件外部结构形状，一般只画出机件的可见部分，必要时才用虚线画出不可见部分。

【任务描述】

根据图 6-1（a）所示垫块的实体模型绘制其 6 个基本视图。

【任务分析】

在原有 3 个基本投影面（正平面 V、水平面 H 和右侧面 W）的基础上，再增加 3 个基本投影面构成一个正六面体，如图 6-1（b）所示，将垫块放置在正六面体中，分别向 6 个基本投影面投射，即可得到 6 个基本视图，分别为：

主视图——由前向后投射所得的视图；

俯视图——由上向下投射所得的视图；

左视图——由左向右投射所得的视图；

右视图——由右向左投射所得的视图；

仰视图——由下向上投射所得的视图；

后视图——由后向前投射所得的视图。

本任务主要分析 6 个基本视图的投影规律和方位关系。

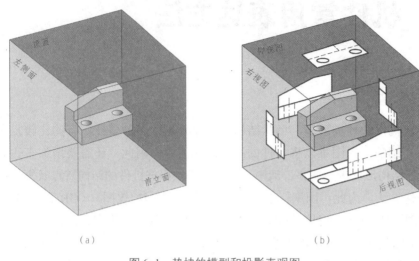

图 6-1　垫块的模型和投影直观图

（a）实体模型；（b）投影直观图

基本视图

📖【相关知识】

1. 6 个基本视图的形成

6 个基本投影面按图 6-2 展开，投影面 V 面不动，其他各投影面展开转至与 V 面共面形成同一平面，得到 6 个基本视图的分布位置，如图 6-3 所示。6 个基本视图按此位置配置时，一律不标注视图的名称。

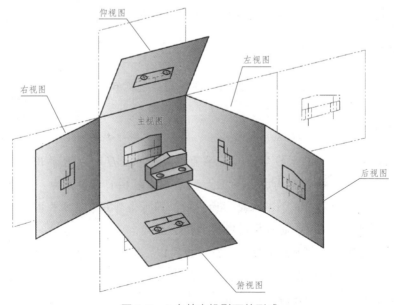

图 6-2　6 个基本投影面的形成

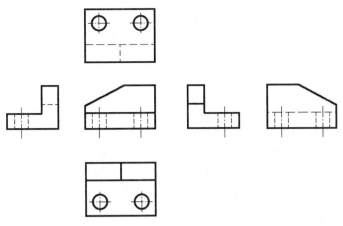

图6-3　6个基本视图的配置

2．6个基本视图的投影规律

投影面展开后，6个基本视图之间仍保持"长对正、高平齐、宽相等"的三等关系，如图6-4所示。各投影图遵循以下规律：

（1）主视图、俯视图、仰视图、后视图"长对正"；

（2）主视图、左视图、右视图、后视图"高平齐"；

（3）俯视图、左视图、仰视图、右视图"宽相等"。

3．6个基本视图的方位关系

6个基本视图的方位关系，除后视图外，其他视图远离主视图的一侧均表示机件的前方，靠近主视图的一侧均表示机件的后方，即"里后外前"。而后视图与主视图反映机件的上下方位是一致的，但左右方位正好相反，如图6-4所示。

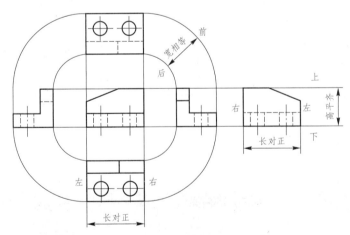

图6-4　6个基本视图的投影规律与方位关系

在实际使用时，并非要将6个基本视图都画出来，而是根据机件形状的复杂程度和结构特点，选择需要的基本视图，在完整清晰表达机件的前提下，应使视图（包括后面所讲的剖视图和断面图）数量为最少。

 【任务实施】

由垫块的模型测量出长、宽、高各部分尺寸，根据视图的投影规律，绘制出如图 6-3 所示的 6 个基本视图。

 【知识拓展】向视图

在实际设计绘图中，为了合理利用图面，基本视图不按如图 6-3 所示的位置关系配置，而是摆放在其他位置上，这种可以自由平移配置的基本视图，称为向视图。向视图是基本视图的一种表现形式，为便于读图，应在向视图的上方标注其名称"×"（× 为大写的拉丁字母），在相应视图的附近用箭头指明投射方向，并注上相同的字母，如图 6-5 所示。

向视图应注意以下几项：

（1）向视图的位置可自由配置，但需要进行标注。

（2）向视图是基本视图的平移，不能只画出部分图形，必须完整地画出投射所得的图形。

（3）向视图的标注，表示名称的字母一律水平书写；表示投射方向的箭头尽可能配置在主视图上，表示后视图投射方向的箭头最好配置在左视图或右视图上，以使所获得的向视图与基本视图的图形相一致。

向视图

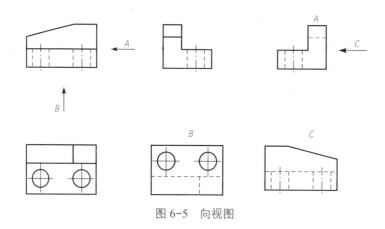

图 6-5　向视图

任务二　绘制支座局部视图

将机件的某一部分向基本投影面投射所得的视图称为局部视图。

局部视图是基本视图的一部分，适用当机件的主体形状已由一组基本视图表达清楚，而机件上仍有部分结构尚需表达，但又没有必要再画出完整的基本视图的场合。

如图6-6（a）所示为一支座的实体模型，用局部视图A、B分别表达其左、右两个凸缘形状，如图6-6（b）所示。

图6-6　局部视图

（a）实体模型；（b）A、B向局部视图

局部视图

■■【任务分析】

如图6-6所示的机件，用主、俯两个基本视图已清楚地表达了主体形状，但为了表达左、右两个凸缘形状，再增加左视图和右视图，就显得烦琐和重复，此时可采用两个局部视图，只画出所需表达的左、右凸缘形状，则表达方案既简练又突出重点。

本任务主要学习局部视图的画法和标注。

■■【相关知识】

局部视图的画法、配置及标注如下：

（1）局部视图的断裂边界应用波浪线或双折线绘制，如图6-6（b）所示的局部视图A。但当局部视图外形轮廓呈封闭状态时，表示断裂边界的波浪线可省略不画，如图6-6（b）所示局部视图B。波浪线不应超出机件实体的投影范围，如图6-7所示。

（2）局部视图可按基本视图的形式配置，当局部视图按投影关系配置，中间又没有其他图形隔开时，可省略标注，如图6-6（b）所示的局部视图A。

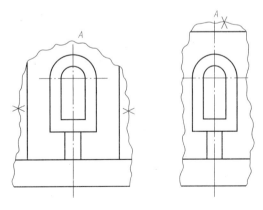

图6-7　局部视图的错误画法

（3）局部视图也可按向视图的形式配置在适当的位置，但应在局部视图的上方标注其名称"×"（×为大写的拉丁字母），在相应视图附近用箭头指明投射方向，并标注相同的字母，如图6-6（b）所示的局部视图 *B*。

【任务实施】

支座左、右两个凸缘形状的局部视图仍然按基本视图的投影规律进行作图，如图6-6（b）所示。具体步骤如下：

（1）完成支座主、俯视图的绘制后，按左视图的投影方向绘制左凸台的局部视图，该视图按投影关系放置，可省略标注。

（2）绘制右凸台的局部视图，该视图未按投影关系放置，必须标注。

任务三　绘制弯板斜视图

将机件向不平行于任何基本投影面的平面投射所得到的视图称为斜视图。

当机件上有倾斜于基本投影面的结构时，为了得到该部分的真实形状，可采用斜视图来表达。

【任务描述】

如图6-8所示，根据弯板的实体模型，用斜视图表达其倾斜部分的真实形状结构和大小。

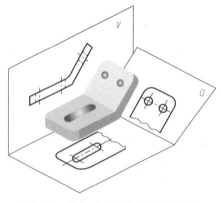

图6-8　弯板的模型和投影直观图　　　　斜视图

【任务分析】

如图6-8所示弯板上的倾斜结构，在基本投影面上的投影不反映其真实形状，这样给绘图、读图和标注尺寸都带来不便。为了得到该部分的真实形状，可增加一个与机件倾斜部分平行的辅助投影面 Q（且垂直于某一个基本投影面）。将倾斜结构向 Q 面投射，可得到反映该部分实际形状的视图，即斜视图，如图 6-9 位置 1、位置 2 所示，也可把 Q 面沿投影方向旋转到与 V 面共面的位置，按位置 3 放置。

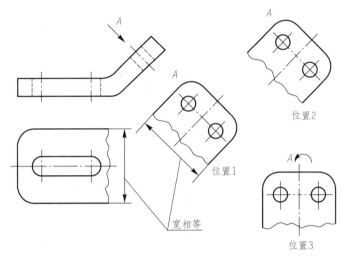

图 6-9　斜视图

【相关知识】

斜视图的画法、配置及标注如下：

（1）斜视图用于表示机件上倾斜结构的真实形状，所以画出倾斜结构的投影之后，应用波浪线或双折线将图形断开，不再画出其他部分的投影。如果倾斜结构的外形轮廓呈封闭状态时，表示断裂边界的波浪线可省略不画。

（2）斜视图一般按向视图配置，如图 6-9 位置 1 所示；必要时也可以配置在其他位置上，如图 6-9 位置 2 所示；在不致引起误解时，允许将图形旋转配置，如图 6-9 位置 3 所示。

（3）斜视图必须在视图上方用大写拉丁字母表示视图的名称，在相应的视图附近用箭头指明投射方向，并注上相同字母。

（4）斜视图旋转后要加注旋转符号。旋转符号表示图形的旋转方向，因此，其箭头所指旋转方向要与图形旋转方向一致，且字母要写在箭头的一侧，并与看图的方向一致，如图 6-9 位置 3 所示。旋转符号的画法如图 6-10 所示。

图 6-10　旋转符号

符号笔画宽度 $=h/10$ 或 $h/14$；$h=$ 字体高度；$R=h$

弯板斜视图按图 6-9 位置 1 所示配置。其绘图步骤如下：

（1）完成弯板主视图和局部俯视图的绘制。

（2）在适当位置画出斜视图的对称中心线（对称中心线应平行于倾斜部分的主要轮廓线），再根据投影关系绘制其轮廓线。斜视图中的长度应与主视图对应平齐，斜视图中的宽度应与俯视图等宽。

（3）加深轮廓线，完成弯板斜视图的绘制，如图 6-11 所示。

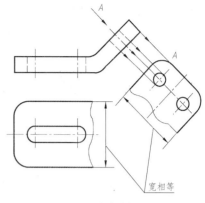

图 6-11　弯板斜视图

任务四　绘制支架的全剖视图

绘制机件的视图时，机件的内部形状，如孔、槽等，因其不可见而用虚线表示，如图 6-12（b）所示。当机件内部的形状比较复杂时，视图中会出现较多的虚线，与视图外部轮廓线重叠交错，影响图形清晰度，增加了读图难度，也不便于标注尺寸。为此，《机械制图 图样画法 剖视图和断面图》（GB/T 4458.6—2002）中规定可用剖视图来表达机件的内部形状。

剖视图根据剖切范围的大小，可分为全剖视图、半剖视图和局部剖视图三种。

【任务描述】

根据如图 6-12 所示的支架轴测图与主、俯视图，将主视图绘制成全剖视图。

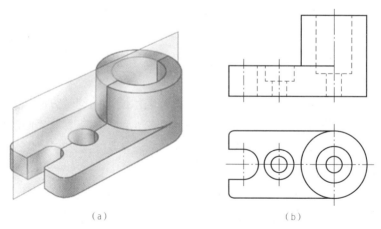

（a）　　　　　　　　　　　　　　（b）

图 6-12　支架的轴测图与主、俯视图

（a）轴测图；（b）主、俯视图

假想用剖切面通过支架的前后对称面将支架完全剖开，移去前半部分，使原来不可见的孔、槽都变得可见，这样零件的内部结构层次分明，清晰易懂，如图 6-13（a）所示。将剩余的后半部分向正面投影，便得到支架的全剖视图，如图 6-13（b）所示。

本任务主要学习全剖视图的画法和标注。

【相关知识】

1. 剖视图的形成

假想用剖切面剖开机件，将处在观察者和剖切面之间的部分移开，而将剩余部分全部向投影面投射所得的图形，称为剖视图。用剖切面完全剖开机件所获得的视图，称为全剖视图。

由于全剖视图是将机件完全剖开，因而机件的外形就无法表达清楚，因此全剖视图主要用于表达内部结构比较复杂而外形较简单的机件，如图 6-13 ～图 6-15 所示。

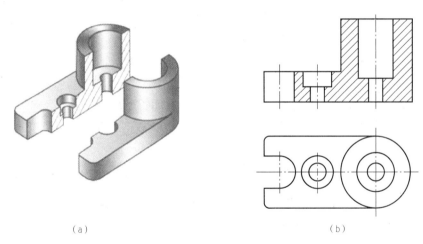

（a）   （b）

图 6-13   支架剖视图的形成

（a）假想剖开；（b）支架的剖视图

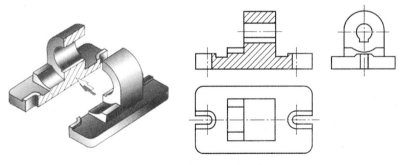

图 6-14   全剖视图（一）

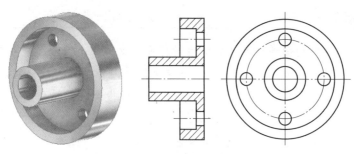

图 6-15　全剖视图（二）

2．画剖视图应注意的问题

（1）由于剖切是一个假想的过程，因此，当一个视图画成剖视图后，其他视图仍应完整画出，如图 6-13（b）所示俯视图应完整画出。

（2）剖切平面要平行或垂直于某一个投影面，并应通过机件回转面的轴线，或机件上某结构的对称平面，以避免剖切后出现不完整的结构要素。

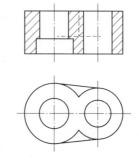

图 6-16　剖视图中画必要的虚线

画剖视图的
注意事项

（3）在剖视图中，已表达清楚的不可见结构，其虚线省略不画；对尚未表达清楚的结构形状，其虚线仍需画出，如图 6-16 所示，连接板的位置和两圆柱套筒的交线需画出。

（4）剖切平面后方的可见轮廓线应全部画出，不能省略或遗漏，图 6-17 中箭头标记的图线则是画剖视图时容易漏画的线。

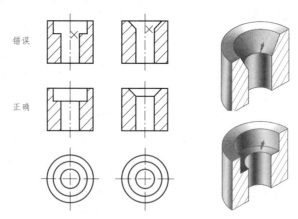

图 6-17　画剖视图时易漏的图线

3．剖切区域的表示

剖切平面与机件接触部分称为剖面区域。在绘制剖视图时，通常应在剖面区域画出剖面符号，以便区分机件的实体部分和空心部分。同时，国家标准规定，不同材料要用不同的剖面符号表示，表 6-1 所示为常用材料的剖面符号。

100

表 6-1　剖面符号（摘自 GB/T 4457.5—2013）

材料名称	剖面符号	材料名称	剖面名称
金属材料 （已有规定剖面符号者除外）		线圈绕组元件	
非金属材料 （已有规定剖面符号者除外）		转子、变压器等的叠钢片	
型砂、填砂、粉末冶金、 砂轮、陶瓷刀片硬质合金等		玻璃及其他透明材料	
木质胶合板 （不分层数）		格网 （筛网、过滤网等）	
木材	纵剖面	液体	
	横剖面		

注：1. 剖面符号仅表示材料的类别，材料的代号和名称必须另行注明。

　　2. 叠钢片的剖面线方向，应与束装中叠钢片的方向一致。

　　3. 液面用细实线绘制。

一般机械工程中，常见的零件多为金属材料，剖面符号应画成 45° 的等距细实线（剖面线）。对同一机件，在它的各个剖视图和断面图中，所有剖面线的倾斜方向、间隔应一致。当机件上倾斜部分的轮廓线与水平线成 45°，与剖面线的倾斜方向一致时，该部分的剖面线应画成与水平线成 30° 或 60°，但倾斜方向与间距仍与其他部分图形的剖面线方向一致，如图 6-18 所示。

4. 剖视图的配置与标注

剖视图一般按投影关系配置，如图 6-13（b）所示的剖视图，如图 6-19 所示的 A—A 剖视图；也可根据图面布局将剖视图配置在其他适当位置，如图 6-19 所示的 B—B 剖视图。

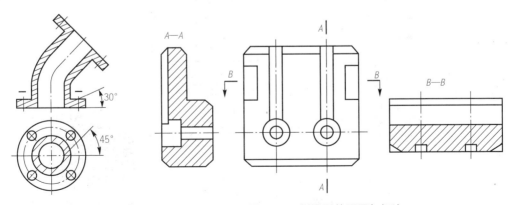

图 6-18　特殊角度的剖面线画法　　　　　图 6-19　剖视图的配置与标注

剖视图的标注一般由剖切符号、投射方向和剖视图名称组合标注。

（1）剖切符号——在剖切平面的起、止和转折处用粗短线（1.5 倍粗实线宽、长 5 ～ 8 mm）表示剖切面位置。

（2）投影方向——在粗剖切符号的两端用箭头表示剖切后的投影方向。

（3）剖视图名称——在所画剖视图上方用大写字母标注剖视图名称，

剖视图

如图 6-19 所示的 *A—A*、*B—B* 剖视图，并在剖切符号的起、止和转折处标上相同字母，如图 6-19 所示的主视图。

（4）剖视图的简化和省略标注：

①当剖视图按投影关系配置，且中间又没有其他图形隔开时，可省略箭头，如图 6-19 所示的 *A—A* 剖视图。

②当单一剖切平面通过机件的中心对称面，且剖视图按投影关系配置，中间又没有其他图形隔开时，可省去全部标注，如图 6-13（b）所示的主视图。

【任务实施】

绘制图 6-13 所示支架的全剖视图步骤如下：

（1）绘制剖切后所有可见轮廓线、轴线。

（2）判断机件的实体部分并画出剖面线。

（3）加深可见轮廓线，完成全图，如图 6-13（b）所示。

任务五　绘制机件的半剖视图

【任务描述】

根据图 6-20 所示机件的轴测图和基本视图，将主视图和俯视图画成半剖视图。

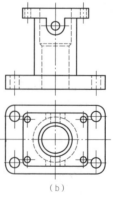

（a）　　　　　　　　　　　　（b）

图 6-20　机件的轴测图和基本视图

（a）轴测图；（b）视图

全剖和半剖视图

　　该机件的内外结构均比较复杂，主体部分是一个圆柱筒，上下底板上分别有4个小圆柱孔，圆筒的前上方有一个U形凸台。如果主视图采用全剖，前面的凸台将被剖切掉，则无法表达该凸台的形状；如果俯视图采用全剖，上顶板将被剖掉，也无法表达其形状。为了将该机件的内外部结构形状都表达清楚，因此按图6-20（a）所示的剖切方式剖开机件，得到如图6-21所示的剖视图，即半剖视图，就能把机件的内外结构完全表达清楚了。

　　本任务主要学习半剖视图的画法和标注。

📖【相关知识】

　　1. 半剖视图的概念

　　当机件具有对称平面时，向垂直于对称平面的投影面上投射所得的图形，允许以对称中心线为界，一半画成剖视图，另一半画成视图，这样画出的视图称为半剖视图。

　　半剖视图主要用于机件内部和外部结构形状都需要表达且对称的机件，如图6-20所示的机件左右对称，前后也对称，所以，主、俯视图都可以画成如图6-21所示的半剖视图。

　　当机件的形状接近对称，且不对称部分已另有图形表达清楚时，也可以画成半剖视图，如图6-22所示。

　　2. 画半剖视图的注意事项

　　（1）半个剖视图与半个视图应以细点画线为分界，不能用粗实线分界。

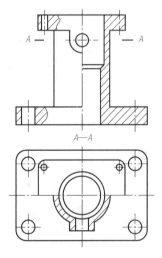

图6-21　机件的半剖视图

　　（2）机件的内部结构形状已在半个剖视图中表达清楚，在另半个视图中其虚线应省略不画，但对于孔或槽等，应画出中心线的位置，如图6-21所示；另外，在半个剖视图中未表达清楚的结构，可在半个视图中继续作局部剖视，如图6-21所示的主视图。

　　（3）半个视图的位置通常按以下原则配置：主视图中位于对称线右侧，俯视图中位于对称线下方，左视图中位于对称线右侧。

　　（4）半剖视图标注内部结构尺寸时，因机件内部结构只画了一半，其尺寸线略超过对称中心线，在一端画箭头，其尺寸数字应按完整结构标注，如图6-22所示。

　　（5）半剖视图的标注方法与全剖视图的标注方法相同，如图6-23所示。

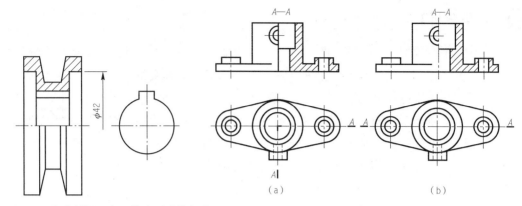

图 6-22 用半剖视图表示基本对称的机件

图 6-23 半剖视图标注
（a）错误注法；（b）正确注法

【任务实施】

绘制图 6-21 所示机件的半剖视图步骤如下：

（1）将主视图的右半部分绘制成剖视图、左半部分绘制成视图（表达内部结构的虚线省略）。

（2）将俯视图前半部分绘制成剖视图、后半部分绘制成外形图。

（3）轮廓线加粗，并完成视图的标注，如图 6-21 所示。

任务六　绘制支架的局部剖视图

【任务描述】

根据图 6-24 所示支架的轴测图和两个基本视图，将主视图、俯视图画成局部剖视图。

【任务分析】

该支架由大圆筒、底板和小圆柱凸台 3 部分组成，底板上有 4 个两种不同形状的通孔，大圆筒的阶梯孔和圆柱凸台的通孔贯通。如果主视图采用全剖视图，小圆柱凸台被剖切掉了，而底板上的通孔又没有剖切到。由于该支架的结构不对称，不能采用半剖视图。由此，采用如图 6-24（a）所示的局部剖切方式来表达内部孔、槽结构，得到如图 6-25 所示的局部剖视图。

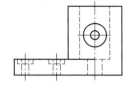
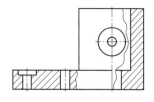

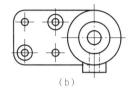
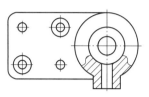

（a） （b）

图 6-24　支架的轴测图和视图　　　　图 6-25　支架的局部剖视图

（a）轴测图；（b）视图

【相关知识】

1．局部剖视图的概念

用剖切面局部地剖开机件所获得的剖视图称为局部剖视图。

局部剖视图主要用于表达机件的局部内部结构形状，或不宜采用全剖视图或半剖视图的地方（如轴、连杆、螺钉等实心零件上的某些孔或槽等）。局部剖视图是一种较灵活的表达方法，由于它具有同时表达机件

局部剖视图

内、外结构形状的优点，且不受机件是否对称的条件限制，其剖切位置、范围均可根据实际需要确定，因此应用比较广泛，常适用以下情况：

（1）不对称机件既需要表达内部形状又需要保留外部形状时，如图 6-25 所示。

（2）当对称机件的轮廓线与对称中心线重合，不宜采用半剖视图表达时，如图 6-26所示。

（3）对于轴、连杆等实心机件上的孔、槽等结构的表达，为避免在机件的实心部分画过多的剖面线，应采用局部剖视图，如图 6-27 所示。

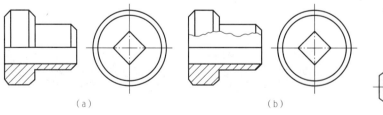
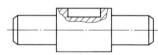

（a） （b）

图 6-26　局部剖视图（一）　　　　　　图 6-27　局部剖视图（二）

（a）错误；（b）正确

2．画局部剖视图的注意事项

（1）波浪线不能与图中其他图线重合或画在图线的延长线上，如图 6-28（a）所示。

（2）在局部剖视图中，剖视图部分与视图部分应以波浪线（或双折线）为界，波浪线应画在机件的实体上，不能穿空而过或超出实体轮廓线之外，如图 6-28（b）所示。

（3）当被剖切的局部结构为回转体时，允许将该结构的轴线作为局部剖视图与视图的分界线，如图 6-29（a）所示；否则，应以波浪线分界，如图 6-29（b）所示。

（4）一个视图中，局部剖切的数量不宜过多，以免使图形显得过于零乱而不清晰。

（5）局部剖视图的标注方法与全剖视图基本相同；若为单一剖切平面，且剖切位置明显时，一般省略标注，如图 6-25 所示。

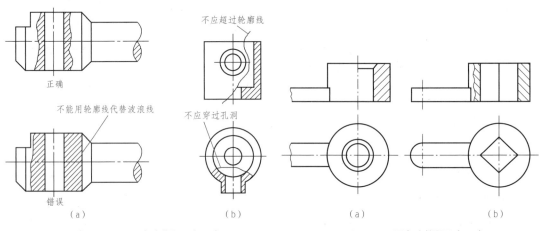

图 6-28　局部剖视图（三）　　　　　　　图 6-29　局部剖视图（四）

（a）轴线作剖视分界线；（b）波浪线作剖视分界线

【任务实施】

绘制图 6-24 所示支架的局部剖视图步骤如下：

（1）绘制主视图上大圆筒部分的局部剖视图（主要保留前凸台的形状，大圆筒的大孔已通过剖视表达清楚，其虚线省略）。

（2）绘制底板上通孔的局部剖视图（每种类型的孔剖一个即可）。

（3）在俯视图上绘制前凸台孔的局部剖视图，如图 6-25 所示。

任务七　认识各种剖切平面

【任务描述】

机件内部结构多种多样，在实际绘图中，可根据机件的结构特点，选用单个剖切平面或同时用多个剖切平面组合的形式将机件剖开，以清晰地表达机件的内部结构。本任务主要了解不同剖切平面剖切机件的方法及其画法和标注。

1．单一剖切面

（1）用平行于某一基本投影面的平面剖切机件。前面所实施的任务中的全剖、半剖、局部剖都是用平行于投影面的单一剖切面剖切的。

（2）用不平行于任何基本投影面的平面剖切机件。用不平行但垂直于基本投影面的单一剖切平面剖开机件得到的剖视图，又称为斜剖视图，如图 6-30 所示。这种剖切方法用于表达机件上倾斜部分的内部结构形状。

单一剖切平面

斜剖视图一般按箭头所指的方向配置，并进行标注。必要时，也可配置在其他位置或旋转放正画出并加注旋转符号"⌒"（视图名称应靠箭头端）。

（3）用单一剖切柱面剖切机件。为了准确表达处于圆周分布的某些结构，有时也采用柱面剖切表示。画这种剖视图时，通常采用展开画法，并仅画出剖面展开图，剖切平面后面的有关结构省略不画，图 6-31 所示分别为采用单一剖切柱面获得的全剖视图、半剖视图。

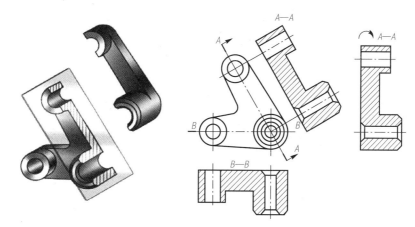

图 6-30　用单一斜剖切平面剖切机件

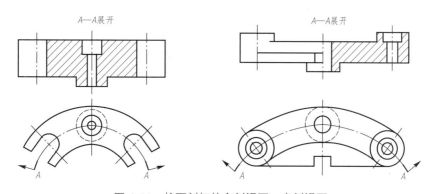

图 6-31　柱面剖切的全剖视图、半剖视图

2．相互平行的剖切平面

当机件上孔、槽的轴线或对称面位于几个相互平行平面上时，欲剖切这些孔、槽要

素，可以用几个与基本投影面平行的剖切面剖开机件，再向投影面投影，这种剖切方式习惯上称为阶梯剖。图 6-32、图 6-33 所示是用两个平行的剖切平面剖切获得的全剖视图。

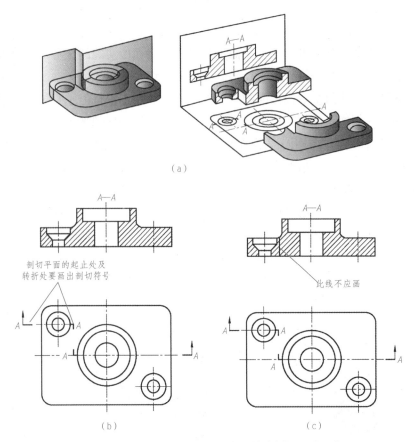

（a）

图 6-32　两个平行的剖切平面产生的全剖视图（一）

画图时，应注意以下几点：

（1）几个平行的剖切平面可能是两个或两个以上，且剖切平面必须互相平行，不能重叠；各剖切平面的转折应是直角。

（2）因为剖切是假想的，剖视图中不应画出剖切平面转折处产生的轮廓，如图 6-33（c）所示的 A—A 剖视图。

阶梯剖

（3）剖切平面的转折处不应与视图中的轮廓线重合。

（4）在剖视图上不应出现不完整的结构要素。若在图形内出现不完整要素时，应适当调配剖切平面的位置，如图 6-33（c）所示的 B—B 剖视图。

（5）当两个结构要素在图形上具有公共对称中心线或轴线时，可以对称中心线或轴线为界各画一半，如图 6-34 所示。

（6）采用几个平行的剖切平面剖切时，必须标注。在相应视图上，用剖切符号表示剖切位置，在剖切平面的起、止和转折处写上相同字母（转折处地方狭小，字母可省略），同时用箭头标明投射方向，如图 6-32（b）所示。当剖视图按投影关系配置，中间又无其他图形隔开，可省略投射方向的箭头，如图 6-33（b）所示。

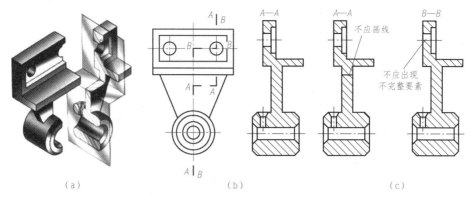

图 6-33　两个平行的剖切平面产生的全剖视图（二）

（a）轴测图；（b）、（c）剖切图

3．几个相交的剖切面

用两个或两个以上相交的剖切面剖开机件，将与投影面不平行的剖切面剖开的结构及有关部分，旋转到与选定的投影面平行后再进行投射，这种剖切方式习惯上称为旋转剖，如图 6-35、图 6-36 所示。这种剖视图的绘制，有些部分图形会伸长，如图 6-35 所示；有些还需要展开绘制，如图 6-36 所示。

几个相交的剖切面通常用于表达有旋转中心的机件内部结构形状。

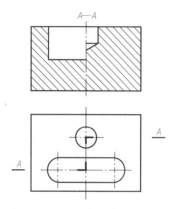

图 6-34　两要素具有公共对称中心线的剖视图

画图时，应注意以下几点：

（1）相邻两剖切平面的交线（一般为轴线）应垂直于某一投影面。

（2）"先旋转后投影"是将倾斜剖切平面上及其有关部分先旋转到与选定的投影面平行后再进行投射。

若被两个相交的剖切平面剖切时，应以两剖切平面的相交处为旋转中心，如图 6-35 所示；若被连续两个以上的倾斜剖切平面剖切时，应采用展开绘制，如图 6-36 所示。

旋转剖

（3）在剖切平面后的其他结构，一般仍按原来位置投射，如图 6-35 中的油孔。

（4）当剖切后产生不完整要素时，应将此部分按不剖绘制。

（5）采用几个相交的剖切平面剖切时，必须加以标注。在相应的视图上用剖切符号表示剖切位置，在剖切平面的起、止和转折处写上相同的字母（转折处地方狭小，字母可省略），同时用箭头标明投射方向，注意箭头与剖切符号垂直，如图 6-36（b）所示。当剖视图按投影关系配置，中间又无其他图形隔开，可省略投射方向的箭头，如图 6-35（b）所示。当剖视图为展开绘制，应在剖视图表示名称的字母后加注"展开"二字，如图 6-36（b）所示。

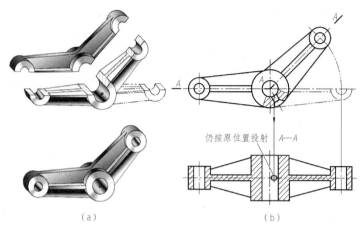

图 6-35　几个相交的剖切平面（一）

（a）轴测图；（b）剖切图

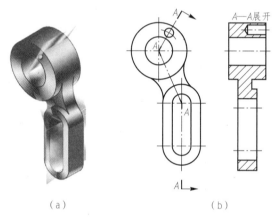

图 6-36　几个相交的剖切平面（二）

（a）轴测图；（b）剖切图

任务八　绘制轴的断面图

【任务描述】

根据如图 6-37 所示轴的轴测图，用移出断面图表达轴上的键槽。

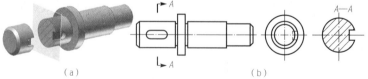

图 6-37　轴的轴测图和视图

（a）轴测图；（b）视图

【任务分析】

在图 6-37（b）所示的视图中，用左视图表达轴的键槽深度，结构不清楚也不便于标注尺寸。为了表示键槽的深度和宽度，假想在键槽处用垂直于轴线的剖切平面将轴切断，只画出断面的形状，得到如图 6-37 所示的 $A—A$ 断面图。

本任务主要学习断面图的画法和标注。

【相关知识】

1. 断面图的概念

根据《技术制图 棒料、型材及其断面的简化表示法》（GB/T 4656—2008）的规定，假想用剖切面将机件的某处切断，仅画出剖切面与机件接触部分的图形，称为断面图，简称断面。

断面图

断面图与剖视图的区别：断面图仅画出机件被剖切断面的形状，而剖视图除画出断面形状外，还必须画出机件上位于剖切平面后方的可见轮廓线，如图 6-38 所示。

断面图主要用来表达机件上个别部分的断面形状。如机件上的肋板、轮辐、轴上的键槽、小孔及连接板横断面和各种型材的断面形状等。

按断面图配置位置不同，断面图分为移出断面图和重合断面图两种。画在视图轮廓之外的断面，称为移出断面图；画在视图轮廓之内的断面，称为重合断面图。

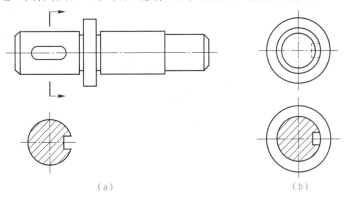

（a）　　　　　　　　　　　（b）

图 6-38　断面图与剖视图的区别

（a）断面图；（b）剖视图

2. 移出断面的画法与配置

（1）移出断面图的轮廓线用粗实线绘制，尺寸大小应从相应的视图上量取，并在断面画上剖面符号。

（2）移出断面图尽可能地配置在剖切符号的延长线上，如图 6-38（a）所示，必要时也可配置在其他适当位置，但需要标注，如图 6-39 所示。

（3）断面图形对称时，移出断面可画在视图的中断处，如图 6-40 所示。

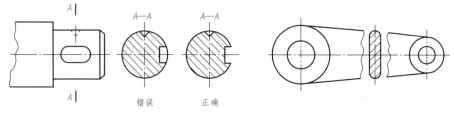

图 6-39　移出断面图（一）　　　　　　　　图 6-40　移出断面图（二）

（4）当剖切平面通过回转面形成的孔或凹坑的轴线时，这些结构按剖视绘制，如图 6-39 所示的锥孔。

（5）剖切平面应与被剖切部分的主要轮廓线垂直，若用一个剖切平面不能满足垂直时，可由两个或多个相交的剖切平面分别垂直于机件轮廓线剖切，得到的移出断面图中间一般用波浪线断开，如图 6-41（a）所示。

（6）当剖切平面通过非圆孔，会导致出现完全分离的两个断面时，则这些结构应按剖视绘制，如图 6-41（b）所示。

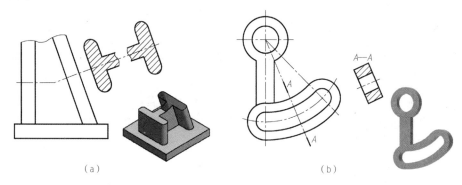

（a）　　　　　　　　　　　　　　　（b）

图 6-41　移出断面图（三）

3．移出断面的标注

一般移出断面图的标注有 3 个内容，即名称"×—×"（× 为大写的拉丁字母）、剖切符号、箭头。

下列情况下，可省略标注：

（1）移出断面图配置在剖切符号延长线上的，可省略字母，如图 6-42（b）、（c）所示。

（2）对称地移出断面图，以及按投影关系配置的移出断面，均可省略箭头，如图 6-39 和图 6-42（a）、（c）所示。

（3）配置在剖切位置延长线上的对称移出断面，以及配置在视图中断处的对称移出断面图，箭头、字母均可省略，如图 6-38、图 6-40 和图 6-42（c）所示。

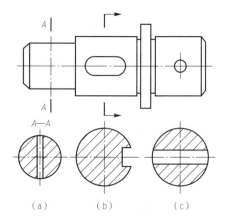

图 6-42　移出断面图的标注

（a）带标注；（b）省略字母；
（c）省略字母和箭头

【任务实施】

轴的移出断面图的绘图步骤如下：

（1）绘制键槽的断面图（注意配置在剖切位置的延长线上）。

（2）完成标注，如图 6-43 所示断面图。

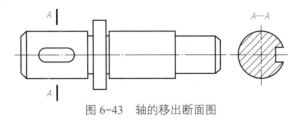

图 6-43　轴的移出断面图

【知识拓展】重合断面图

重合断面图是画在视图内的断面，只宜用于图形非常简单的场合。

1. 重合断面的画法

（1）重合断面的轮廓线用细实线绘制。

（2）当视图中的轮廓线与重合断面的图线重叠时，视图中的轮廓线仍应连续画出，不可间断，如图 6-44 所示。

2. 重合断面的标注

不对称重合断面的标注，只需画出剖切符号及箭头，如图 6-44 所示。在不致引起误解时，不对称重合断面也可以省略标注。对称的重合断面不必标注，只用对称中心线（细点画线）作为剖切平面迹线，如图 6-45 所示。

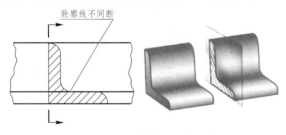

图 6-44　重合断面图（一）

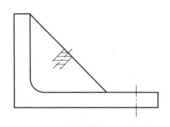

图 6-45　重合断面图（二）

任务九　认识其他表达方法

【任务描述】

　　绘图时，在不影响对机件表达完整和清晰的前提下，应力求绘图简便。国家

标准还规定了局部放大图和图样的简化画法。

本任务主要了解局部放大图和常用的简化画法。

机件的常用其他
表达方法

【相关知识】

一、局部放大图

将机件上的局部细小结构，用大于原图形所采用的比例画出的图形，称为局部放大图。

如图 6-46 所示，轴上 Ⅰ、Ⅱ 处均为局部放大图。

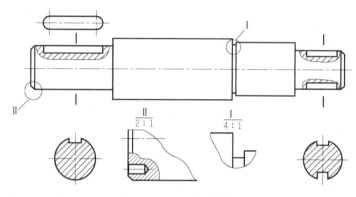

图 6-46　局部放大图

画图时，应注意以下几点：

（1）局部放大图可画成视图、剖视图或断面图，它与被放大部分的表达方式无关；局部放大图应尽量配置在被放大部位的附近。

（2）局部放大图的比例是指放大图与机件的对应要素之间的线性尺寸比，与被放大部位的原图所采用的比例无关。

（3）局部放大图采用剖视图和断面图时，其图形按比例放大，断面区域中的剖面线的间距必须仍与原图保持一致。

局部放大图的标注方法如下：

（1）绘制局部放大图时，应在原图上用细实线圈出被放大的部位，并在局部放大图上方标明所采用的比例。

（2）当同一机件上有几个被放大的部分时，应用罗马数字依次编号，并在局部放大图的上方标注出相应的罗马数字和所采用的比例。

（3）同一机件上不同部位的局部放大图，当图形相同或对称时，只需画出一个。

二、简化画法

简化画法包括规定画法、省略画法和示意画法等图示方法。

1．剖视图、断面图上的规定画法

（1）对于机件上的肋板、轮辐及薄壁等结构，当剖切平面沿纵向剖切时（指剖切平面通过这些结构的对称平面），这些结构都不画剖面符号，而用粗实线将它与其邻接部分分开，如图 6-47 所示左视图；但当剖切平面沿横向剖切时，这些结构仍需画上剖面符号，如图 6-47 所示俯视图。

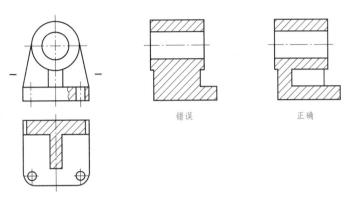

错误　　　　　　　正确

图 6-47　机件上肋板剖切后的画法

（2）当回转体机件上均匀分布的肋、轮辐、孔等结构，它们不处于剖切平面上时，可将这些结构假想旋转到剖切平面上画出，如图 6-48 和图 6-49 所示。

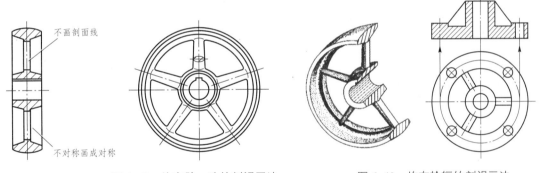

图 6-48　均布肋、孔的剖视画法　　　　　图 6-49　均布轮辐的剖视画法

2．相同结构的简化画法

（1）当机件具有若干直径相同且成规律分布的孔（圆孔、螺孔、沉孔等），可以仅画出一个或几个，其余只需用细点画线表示其中心位置，并在图中注明总数，如图 6-50 所示。

（2）当机件具有若干相同结构（如齿、槽等），并按一定的规律分布时，只需画出几个完整的结构，其余重复结构用细实线连接，并注明该结构的总数，如图 6-51 和图 6-52 所示。

（3）网状物、编织物或机件上的滚花部分，可在轮廓线附近用粗实线完全或部分画出，也可不画出这些网状结构，只需按规定标注，如图 6-53 所示。

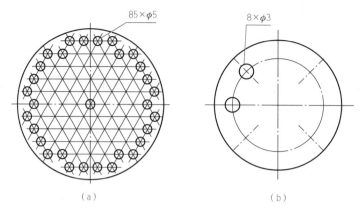

图 6-50　孔的简化画法

（a）简化前；（b）简化后

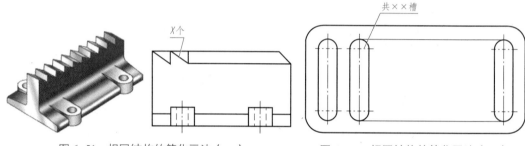

图 6-51　相同结构的简化画法（一）　　　　图 6-52　相同结构的简化画法（二）

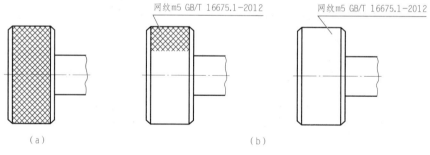

图 6-53　机件上滚花的简化画法

（a）简化前；（b）简化后

3. 对称图形的简化画法

在不致引起误解的前提下，对称机件的视图可只画一半或四分之一，但需在对称中心线的两端分别画出两条与之垂直的平行短细实线，如图 6-54 所示。

图 6-54　对称机件的简化画法

4．较小结构的简化画法

（1）在不致引起误解时，零件图中的小圆角、锐边的小倒圆或45°小倒角允许省略不画，但必须在视图中注明尺寸或在技术要求中加以说明，如图6-55所示（C1表示倒角1×45°）。

（2）机件上斜度不大的结构，如在一个视图中已表达清楚时，其他视图可以简化成按小端画出，如图6-56所示。

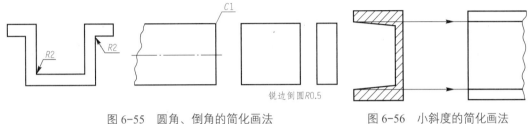

锐边倒圆R0.5

图6-55　圆角、倒角的简化画法　　　图6-56　小斜度的简化画法

5．平面表示法

为了避免增加视图或剖视图，当回转体机件上的平面结构在图形中不能充分表达时，可用细实线绘制出对角线表示这些平面，如图6-57所示。

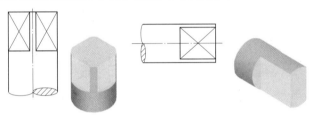

图6-57　回转体上平面的表示法

6．局部视图和过渡线、相贯线的简化画法

机件上对称结构的局部视图，可按图6-58（a）所示的方法绘制。在不致引起误解时，过渡线、相贯线允许简化成用圆弧或直线来代替，如图6-58所示。

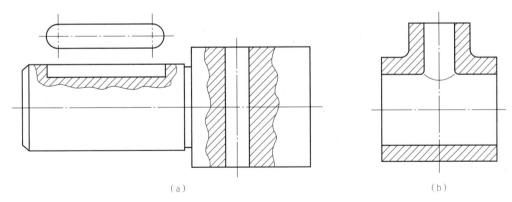

（a）　　　　　　　　　　　　　　　（b）

图6-58　局部视图和过渡线、相贯线的简化画法

（a）局部视图、过渡线简化画法；（b）相贯线简化画法

7. 缩短画法

较长机件（轴、型材、连杆等）沿长度方向的形状一致或按一定规律变化时，可断开后缩短绘制，但尺寸仍按实际长度标注，如图 6-59 所示。

8. 剖面符号的简化画法

在不致引起误解的情况下，机件的移出断面允许省略剖面符号，但剖切位置和断面图的标注必须按原来的规定标注，如图 6-60 所示。

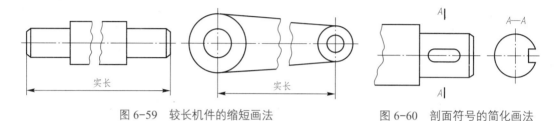

图 6-59　较长机件的缩短画法　　　　图 6-60　剖面符号的简化画法

9. 圆柱形法兰均布孔的简化画法

圆柱形法兰和类似机件上均匀分布在圆周上直径相同的孔，可按如图 6-61 所示的方法绘制（由机件外向该法兰端面方向投射）。

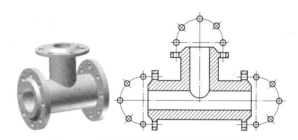

图 6-61　圆柱形法兰均布孔的简化画法

【案例 6-1】根据如图 6-62 所示压紧杆的轴测图和三视图，选择适当的表达方案综合表达其内外结构。

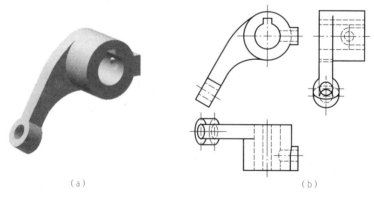

（a）　　　　　　　　　　　　　　（b）

图 6-62　压紧杆的轴测图和三视图

（a）轴测图；（b）三视图

分析：如图 6-62（a）所示，压紧杆由主体圆筒、凸台、倾斜耳板组成。由于耳板的结构倾斜，在基本投影面上，无法清楚表达其真实外形和压紧杆的内部孔、槽等结构。如图 6-62（b）所示，需要综合运用前面任务所学的各种表达方法才能更好、更完整清晰地表达压紧杆的内外结构，以便读图。

综合表达方案必须遵循的原则："结构表达完整、清晰；图形选择适当、简洁"。压紧杆的具体表达方案分析如下：

（1）确定主视图的投影方向。如图 6-62（b）所示，主视图所在的方位，其形体特征和位置特征都明显，因此，选择此方向作为主视图的投影方向。

（2）表达方案选择。根据主视图选择的投影方向，如图 6-63 所示，确定了两种表达方案，对比分析，从中选出较好的一种表达。方案一和方案二对倾斜耳板均采用斜视图 A 和局部剖视图清楚表达了真实外形与内部孔结构，对凸台的外形均采用局部视图表达；方案一采用 B—B 局部剖同时表达了凸台孔和圆筒开槽的结构，方案二在主视图中采用局部剖表达凸台孔的内部结构，再用 B 向局部视图表达其外形。两种方案比较，方案二中 B 向局部视图更充分表达了压紧杆各组成部分的表面连接关系，方便看图，因此方案二更理想。

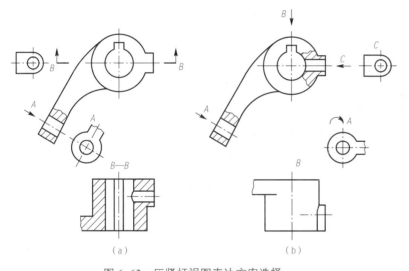

图 6-63　压紧杆视图表达方案选择

（a）方案（一）；（b）方案（二）

机件的综合运用举例

项目七

07

标准件与常用件

各种机器或部件都由若干零件组装而成。如图 7-1 所示，其中结构、尺寸均标准化的零件称为标准件，如螺栓、螺钉、螺母、垫圈、键、销等零件；其结构、尺寸部分标准化的零件称为常用件，如齿轮、弹簧等零件。这些零件，若用正投影方法绘制，结构复杂，绘制困难。为此，在

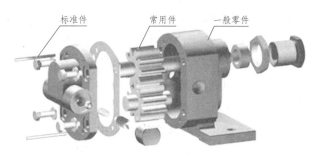

图 7-1 齿轮泵

工程图样中，国家标准规定，这些零件不需要画出其真实结构的投影，只需按规定画法绘制和标注即可。本书附录摘录了部分标准件和常用件的国家标准，供读者查阅参考。

任务一 认识螺纹和螺纹紧固件

常用的螺纹紧固件有螺栓、双头螺柱、螺钉、螺母和垫圈等，如图 7-2 所示。这些零件都属于标准件，在机器中主要起连接和定位作用，其结构和尺寸可以按其规定在相关资料中查出。

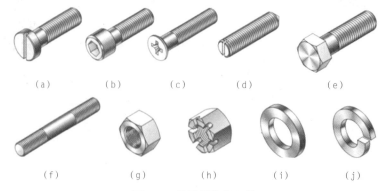

图 7-2 常用螺纹紧固件

（a）开槽圆柱头螺钉；（b）内六角圆柱头螺钉；（c）十字槽沉头螺钉；（d）锥端紧定螺钉；
（e）六角头螺栓；（f）双头螺柱；（g）六角螺母；（h）六角开槽螺母；（i）平垫圈；（j）弹簧垫圈

认识如图 7-2 所示的螺纹紧固件，掌握其标准结构要素的规定画法和标记。

【任务分析】

如图 7-2 所示的螺纹紧固件，其螺纹结构如果按真实投影画很复杂，标准螺纹结构通常采用成型刀具加工，因而，不需要画出螺纹的真实投影。为简化作图，提高绘图效率，《机械制图 螺纹及螺纹紧固件表示法》（GB/T 4459.1—1995）规定了螺纹的画法。

本任务主要学习内外螺纹的形成方法、要素、画法、标注和螺纹紧固件的标记。

【相关知识】

■ 一、螺纹的形成

在圆柱或圆锥外表面形成的螺纹称为外螺纹；在内孔表面形成的螺纹称为内螺纹。

螺纹是根据螺旋线原理加工而成的，通常是车削而成，工件在卡盘上做等速旋转，车刀沿其轴线做等速直线移动，当车刀切入工件一定深度时，便在工件表面加工出螺纹，如图 7-3（a）所示。由于在工件表面切去部分的截面形状不同，所以可加工出各种不同的螺纹。

螺纹的形成

对于零件上比较小的螺孔，加工时先用钻头钻孔，再用丝锥攻丝得到螺纹，如图 7-3（b）所示。

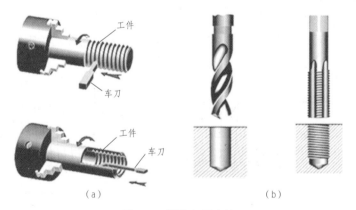

（a）　　　　　　　　　　（b）

图 7-3　螺纹加工方法

■ 二、螺纹的要素

1. 牙型

沿螺纹轴线方向剖切，所得到的螺纹牙齿断面形状称为牙型。常用的牙型有三角形、梯形、锯齿形、矩形等，如图 7-4 所示。螺纹的牙型不同，其用途也不同，普通螺纹，其牙型为 60°三角形，如图 7-4（a）所示，主要用于紧固连接；管螺纹，其牙型为 55°三角形，如图 7-4（b）所示，常用于连接管道；梯形螺纹，牙型为等腰梯形，如图 7-4（c）所示，用于传递动力；锯齿形螺纹，牙型为不等腰梯形，如图 7-4（d）所示，用于单方向传递动力；方形螺纹，牙型为 90°矩形，是最初的传动螺纹，如图 7-4（e）所示，目前已很少使用。

螺纹各部分
名称及代号

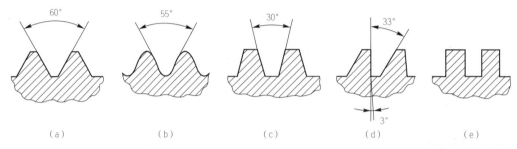

图 7-4　螺纹牙型

（a）普通螺纹（M）；（b）管螺纹（G）；（c）梯形螺纹（Tr）；（d）锯齿形螺纹（B）；（e）方形螺纹

2. 直径

螺纹的直径有大径（d 或 D）、小径（d_1 或 D_1）和中径（d_2 或 D_2）3 个。外螺纹用相应的小写字母；内螺纹用相应的大写字母，如图 7-5 所示。常见标准螺纹的公称直径（大径）、螺距和基本尺寸见附录 A。

与外螺纹牙顶或与内螺纹牙底相重合的假想圆柱面的直径称为大径；与外螺纹牙底或与内螺纹牙顶相重合的假想圆柱面的直径称为小径；一个假想圆柱面的母线通过牙型上沟槽和凸起宽度相等处的直径称为中径。

代表螺纹尺寸的直径称为公称直径，除管螺纹外，公称直径均指螺纹的大径。

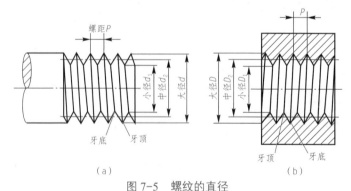

图 7-5　螺纹的直径

（a）外螺纹；（b）内螺纹

3. 线数

形成螺纹时螺旋线的条数称为线数（用 n 表示）。螺纹有单线和多线之分，沿一条螺旋线形成的螺纹称为单线螺纹；沿两条或两条以上的螺旋线形成的螺纹称为多线螺纹，如图 7-6 所示。

4. 螺距和导程

相邻两牙在中径线上对应两点间的轴向距离称为螺距（用 P 表示）。同一条螺旋线上相邻两牙在中径线上对应两点间的轴向距离称为导程（用 P_h 表示），如图 7-6 所示。

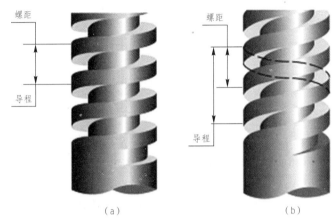

图 7-6　螺纹的线数、导程和螺距

（a）单线螺纹；（b）双线螺纹

导程与螺距的关系为 $P_h=nP$，单线螺纹 $P_h=P$。

5. 旋向

螺纹的旋向分为左旋和右旋两种。按顺时针方向旋入的螺纹称为右旋螺纹；按逆时针方向旋入的螺纹称为左旋螺纹，如图 7-7 所示。工程上常使用的为右旋螺纹。

内、外螺纹成对使用时，两者的牙型、直径、螺距、线数、旋向 5 个要素都必须相同。

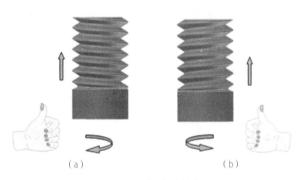

图 7-7　螺纹的旋向

（a）左旋；（b）右旋

■ 三、螺纹的画法

1. 外螺纹的画法

外螺纹的牙顶用粗实线表示，牙底用细实线表示。在非圆视图中，牙底的细实线应画入倒角，如图 7-8（a）所示。在投影为圆的视图中，螺纹的小径用大约 3/4 圈（空出位置不作规定）的细实线圆弧表示，倒角圆可省画。螺纹的局部剖视图的画法如图 7-8（b）所示。

螺纹及连接的画法

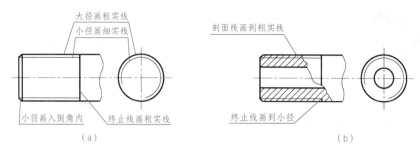

图 7-8　外螺纹的画法

（a）视图；（b）局部剖视图

在比例画法中，螺纹的小径可按大径的 85% 画出。

2．内螺纹的画法

在非圆剖视图中，内螺纹的牙顶用粗实线表示，牙底用细实线表示，螺纹终止线用粗实线绘制，剖面线画到粗实线处。在投影为圆的视图中，螺纹的大径用大约 3/4 圈的细实线圆弧表示，倒角圆可省画，如图 7-9 所示。螺纹的不通孔（俗称盲孔）中，钻头头部形成的锥顶角画成 120°，当螺纹的投影不可见时，画成细虚线。

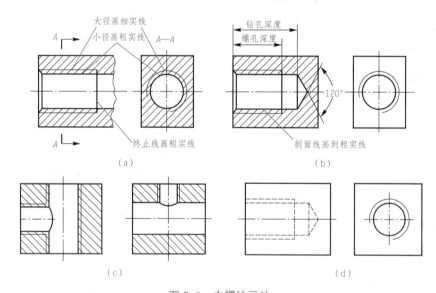

图 7-9　内螺纹画法

（a）通孔；（b）盲孔；（c）螺孔相贯；（d）不可见螺纹孔

3．内外螺纹连接的画法

如图 7-10 所示，用剖视图表示内外螺纹连接时，旋合部分按外螺纹画法绘制，其余部分按各自的画法表示。

画图时，应注意以下几点：

（1）当剖切面通过实心螺杆轴线时，实心杆按

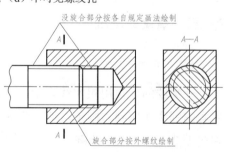

图 7-10　内外螺纹连接画法

124

不剖绘制。

（2）同一零件各个剖视图中剖面线的方向和间距应一致，相邻零件的剖面线方向或间距应不同。

（3）表示内、外螺纹大径和小径的粗、细线应分别对齐。

【任务实施】

1. 螺纹的标注

螺纹按照国家标准规定的画法画出后，并未表明牙型、公称直径、螺距、线数、旋向等要素，需要用标记在图上说明。各种常用标准螺纹的标注方法及示例见表 7-1。

表 7-1 常用标准螺纹的标注方法及示例

螺纹类别及特征代号		标注示例	说明
连接螺纹	粗牙普通螺纹（M）	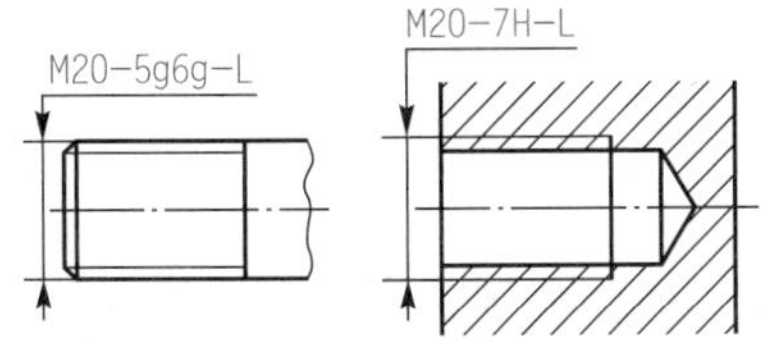 M20-5g6g-L　　M20-7H-L	粗牙普通螺纹，公称直径为 20 mm，外螺纹中径、顶径的公差带代号分别为 5g、6g，右旋；内螺纹中径、顶径的公差带代号都为 7H，长旋合长度，右旋
	细牙普通螺纹（M）	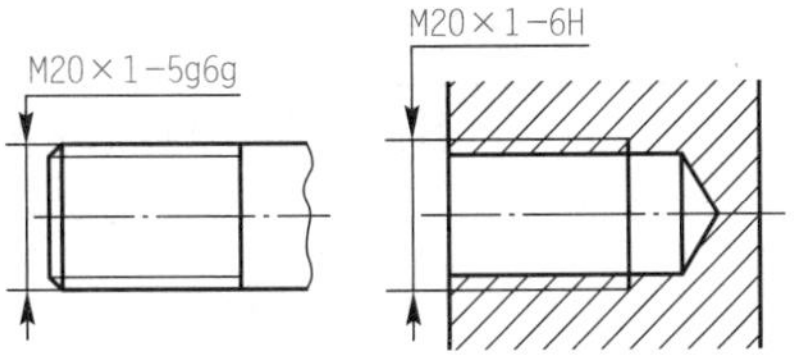 M20×1-5g6g　　M20×1-6H	细牙普通螺纹，公称直径为 20 mm，螺距为 1 mm，右旋，中等旋合长度，外螺纹中径、顶径的公差带代号为 5g、6g；内螺纹中径、顶径的公差带代号都为 6H
	非螺纹密封管螺纹（G）	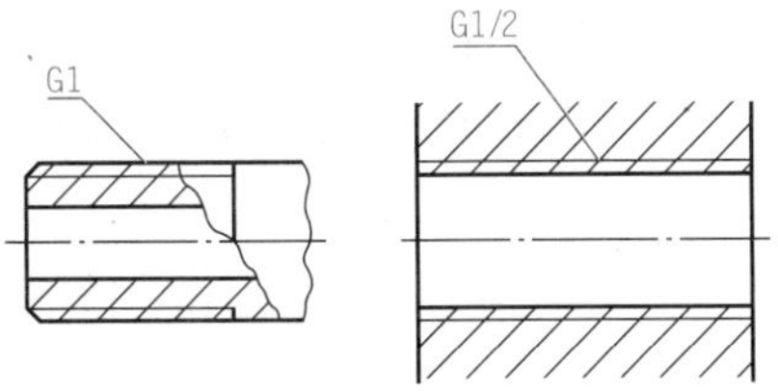 G1　　G1/2	非螺纹密封管螺纹，外管螺纹的尺寸代号为 1 英寸；内管螺纹的尺寸代号为 1/2 英寸
	螺纹密封管螺纹（R1、R2、Rc、Rp）	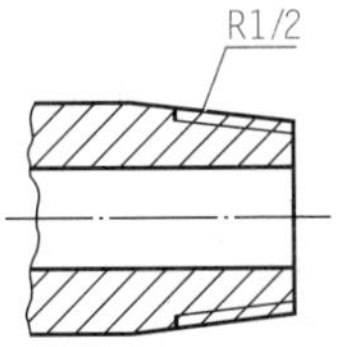 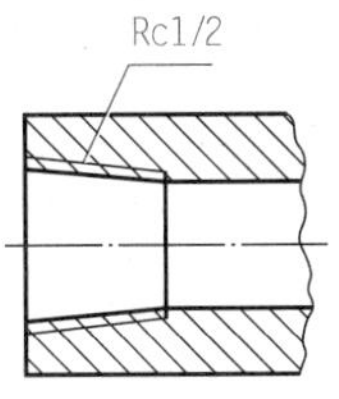 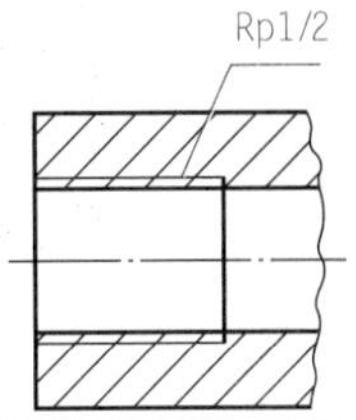 R1/2　　　Rc1/2　　Rp1/2	螺纹密封的管螺纹，尺寸代号为 1/2 英寸。 注：R1 表示圆锥外螺纹（与 Rp 旋合） R2 表示圆锥外螺纹（与 Rc 旋合） Rc 表示圆锥内螺纹 Rp 表示圆柱内螺纹

螺纹类别及特征代号		标注示例	说明
传动螺纹	梯形螺纹（Tr）	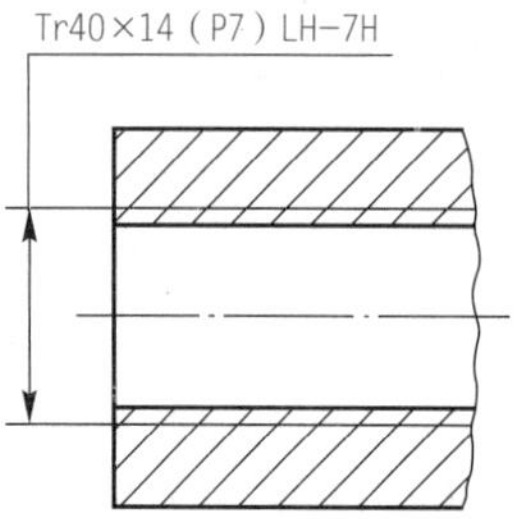 Tr40×14（P7）LH-7H 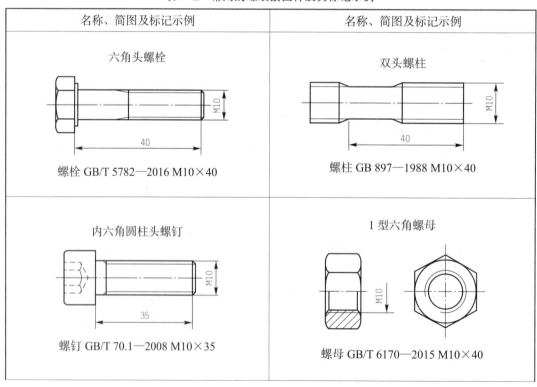	梯形螺纹，公称直径为40 mm，导程为14 mm，螺距为7 mm，双线，左旋梯形内螺纹，中径公称带代号为7H，中等旋合长度
	锯齿形螺纹（B）	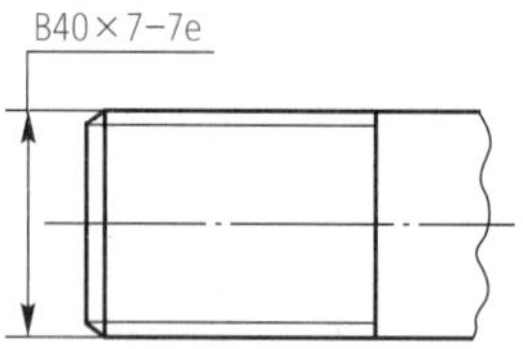 B40×7-7e	锯齿形螺纹，公称直径为40 mm，螺距为7 mm，右旋，中等旋合长度

2. 常用螺纹紧固件及其标记

常用的螺纹紧固件及其标记示例见表7-2。常见螺纹坚固件的标准尺寸见附录B。

表7-2　常用的螺纹紧固件及其标记示例

名称、简图及标记示例	名称、简图及标记示例
六角头螺栓 40　M10 螺栓 GB/T 5782—2016 M10×40	双头螺柱 40　M10 螺柱 GB 897—1988 M10×40
内六角圆柱头螺钉 35　M10 螺钉 GB/T 70.1—2008 M10×35	1 型六角螺母 M10 螺母 GB/T 6170—2015 M10×40

名称、简图及标记示例	名称、简图及标记示例
开槽圆柱头螺钉 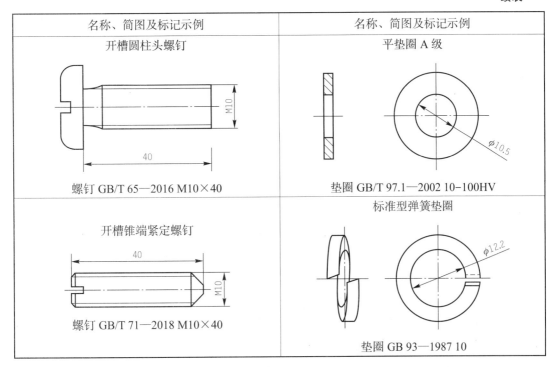 螺钉 GB/T 65—2016 M10×40	平垫圈 A 级 φ10.5 垫圈 GB/T 97.1—2002 10-100HV
开槽锥端紧定螺钉 40 M10 螺钉 GB/T 71—2018 M10×40	标准型弹簧垫圈 φ12.2 垫圈 GB 93—1987 10

任务二　绘制螺纹连接图

【任务描述】

根据图 7-11 所示的三种螺纹连接形式，分别绘制其连接图。

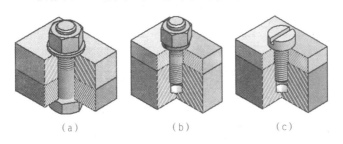

（a）　　　　　　（b）　　　　　　（c）

图 7-11　螺纹紧固件的连接形式

（a）螺栓连接；（b）双头螺柱连接；（c）螺钉连接

螺栓连接及画法

双头螺柱连接

【任务分析】

常见的螺纹紧固件连接形式有螺栓连接、双头螺柱连接和螺钉连接。螺栓连接适用被连接的两个零件都较薄，荷载较大且又需经常拆卸的地方；双头螺柱连接适用被连接的两个零件有一个零件较厚，不便于加工成通孔，荷载较大且又需经常拆卸的地方；螺钉连接适用被连接的两个零件有一个零件较厚，不便于钻通孔，受力较小且不需经常拆卸的情况。

本任务中，螺栓、螺母、螺钉、螺柱和垫圈等标准件的投影图按螺纹公称直径 d（D）成一定比例绘制，较薄零件所加工的通孔直径比螺杆直径稍大，一般取 $1.1d（D）$。

【相关知识】

如图 7-12 所示，画连接图时应遵循以下规定：

（1）两零件的接触面画一条线，非接触面无论间隙大小，都需要画两条线，间隙过小时可夸大画出。

（2）同一零件的各个视图中，剖面线的方向和间距都应相同，以便读图。

（3）在剖视图中，相邻零件的剖面线方向相反，或者方向一致、间距不等，以便区分零件。

（4）当剖切面通过螺纹紧固件（如螺栓、螺柱、螺钉、螺母、垫圈等）的轴线时，按不剖绘制，只画其外形图；必要时，可采用局部剖视图或局部放大图。

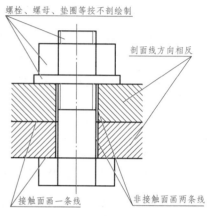

图 7-12　螺纹连接的规定画法

【任务实施】

1. 绘制螺栓连接图

使用螺栓连接时，先将螺栓倒立从下往上穿过通孔，然后放上垫圈，最后拧上螺母。画螺栓连接的图形时，需要根据其规定标记，按其标准中的各部分尺寸绘制。但为了方便作图，通常可采用简化画法，按其各部分尺寸与螺纹大径 d 的比例关系近似地画出。螺栓、螺母、垫圈各部分结构尺寸与螺纹大径 d 比例关系如图 7-13 所示。

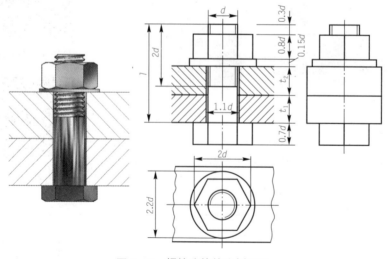

图 7-13　螺栓连接的比例画法

螺钉连接

128

注意：

（1）螺栓公称长度 l 的确定：

$$l_{计}=t_1+t_2+0.15d（垫圈厚）+0.8d（螺母厚）+0.3d（螺栓末端伸出长度）$$

在标准中，选取与 $l_{计}$ 接近的标准长度值，即为螺栓标记中的公称长度。

（2）螺栓上的螺纹终止线应位于被连接件通孔顶面和接触面之间，以保证拧紧螺母时有足够的螺纹长度。

2. 绘制螺柱连接图

双头螺柱的两端均加工有螺纹，装配时，先将螺纹较短的一端（旋入端）旋入下部较厚零件的螺孔，再将通孔零件穿过螺纹的另一端（紧固端），套上垫圈，再用螺母拧紧，将两个零件连接起来。其比例画法与螺栓连接基本相同，如图 7-14 所示。

图 7-14 中的弹簧垫圈尺寸查表。其开口按与水平线成 60°，并按右下向左上倾斜绘制，或用约 $2d$ 宽的粗线绘制。弹簧垫圈的外径可取 $1.5d$，厚度为 $0.2d$。

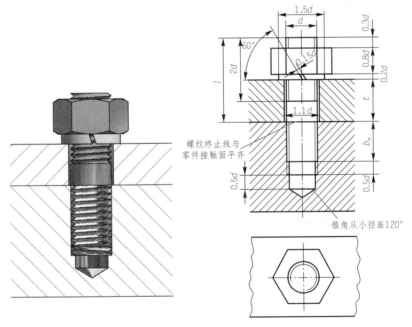

图 7-14 螺柱连接的比例画法

注意：

（1）螺柱公称长度 L 的确定：

$$L_{计}=t+0.15d（垫圈厚）+0.8d（螺母厚）+0.3d（螺柱末端伸出长度）$$

在标准中，选取与 $L_{计}$ 接近的标准长度值，即为螺柱标记中的公称长度。

（2）旋入长度 b_m 要根据被旋入件的材料和螺柱的大径而定，其中：

$$b_m= d \qquad （用于钢或青铜）$$

$$b_m=1.25d \sim 1.5d \qquad （用于铸铁）$$

$$b_m=2d \qquad （用于铝合金）$$

（3）绘制螺钉连接图。螺钉连接装配时，先将螺钉杆部穿过一个零件的通孔而旋入另一个零件的螺孔，再用螺钉旋具拧紧，以螺钉头部压紧被连接件。螺钉连接图的比例画法如图 7-15 所示，其旋入端与螺柱的画法相同，被连接板的孔部画法与螺栓相同。

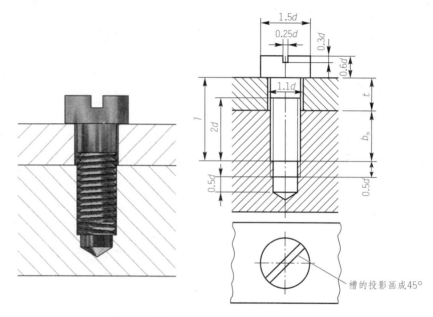

图 7-15　螺钉连接的比例画法

注意：

（1）螺钉公称长度 l 的确定：

$$l=t+b_\mathrm{m}$$

查标准，选取与 l 接近的标准长度值，即为螺钉标记中的公称长度。

（2）b_m 和螺纹孔的取值同双头螺柱。

（3）螺钉上的螺纹终止线应高出螺纹孔上表面，以保证螺钉能旋入和压紧。

（4）螺钉头部槽的投影可以涂黑表示，在投影为圆的视图上，画成 45°方向。

任务三　绘制圆柱齿轮的视图

齿轮是机器中的传动零件，它用来将主动轴的动力传递到从动轴上，以完成传递效率、改变转速及方向等功能。根据两轴的相对位置，齿轮可分为以下三类：

（1）圆柱齿轮——用于两平行轴之间的传动，如图 7-16（a）所示。

（2）圆锥齿轮——用于两相交轴之间的传动，如图 7-16（b）所示。

（3）蜗杆蜗轮——用于两垂直交叉轴之间的传动，如图 7-16（c）所示。

其中，圆柱齿轮是常用的，其轮齿有直齿、斜齿和人字齿等。

（a）

（b）

（c）

图 7-16　常见的齿轮传动

（a）圆柱齿轮；（b）圆锥齿轮；（c）蜗杆蜗轮

【任务描述】

根据如图 7-17 所示的直齿圆锥齿轮，绘制单个直齿圆柱齿轮及齿轮啮合的视图。

图 7-17　直齿圆柱齿轮

【任务分析】

齿轮一般由轮体和轮齿两部分组成。轮齿是用专用刀具加工而成，一般不需要画出它的真实投影，国家标准规定了它的画法。除轮齿部分外，其余轮体结构均按真实投影绘制。

【相关知识】

1. 直齿圆柱齿轮各部分名称及尺寸计算

齿轮各部分的名称代号及基本参数如图 7-18 所示。

（1）齿顶圆直径 d_a。通过齿顶的圆柱面的直径。

（2）齿根圆直径 d_f。通过齿根的圆柱面的直径。

（3）分度圆直径 d。对于标准齿轮，分度圆是使齿厚与齿槽宽相等位置的假想圆，它是设计、制造齿轮时计算各部分尺寸的基准圆，它的直径称为分度圆直径。

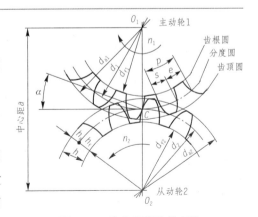

图 7-18　齿轮各部分的名称

（4）节圆 d'。过两齿轮啮合接触点 C（节点）的假想圆，标准齿轮 $d'=d$。

（5）齿距 p。在分度圆上，相邻两齿对于点之间的弧长称齿距，$p=s+e$。

齿厚 s：一个轮齿齿廓间的弧长称为齿厚；齿槽宽 e：相邻两齿之间的弧长称为齿槽宽。

（6）齿高 h。齿顶圆与齿根圆间的径向距离称为齿高，$h=h_a+h_f$。

齿顶高 h_a：齿顶圆与分度圆间的径向距离；齿根高 h_f：齿根圆与分度圆间的径向距离。

（7）齿数 z。齿轮上轮齿的个数。

（8）模数 m。计算齿轮各部分尺寸和加工齿轮时的基本参数。

根据齿距的定义，齿轮分度圆的周长为 $\pi d=zp$，所以

$$d=p/\pi z$$

令

$$m=p/\pi$$

则

$$d=mz$$

式中，m 为模数（单位：mm），显然，模数越大，齿距越大，轮齿也越厚，齿轮的承载能力也越强。模数是设计、制造齿轮的重要参数。两啮合齿轮的齿距相等，故模数也必然相等。不同模数的齿轮需要用不同模数的刀具去加工制造。为了便于设计和加工，减少齿轮成形刀具的规格及数量，国家标准规定了标准模数值（表 7-3）。

表 7-3　标准模数

第一系列	1，1.25，1.5，2，2.5，3，4，5，6，8，10，12，16，20，25，32，40，50
第二系列	1.75，2.25，2.75，（3.25），3.5，（3.75），4.5，5.5，（6.5），7，9，（11），14，18，22，28，（30），36，45
注：优先选用第一系列，其次选用第二系列，括号内的模数尽可能不选。	

（9）压力角 α。在节点 C 处两齿廓的公法线（齿廓受力方向）与两节圆的公切线（节点处瞬时速度方向）之间所夹的锐角。我国采用的渐开线齿形，一般采用 $\alpha=20°$。

（10）传动比 i。主动齿轮的转速 n_1（rad/s）与从动齿轮的转速 n_2（rad/s）之比。传动比与转速和齿数的关系是 $i=n_1/n_2=z_2/z_1$。

（11）中心距 a。一对啮合圆柱齿轮轴线之间的距离，对于标准齿轮，$a=(d_1+d_2)/2$。

2. 标准直齿圆柱齿轮的尺寸计算

在设计齿轮时，先确定模数和齿数，再计算其他部分尺寸。其计算公式见表 7-4。

表 7-4　直齿圆柱齿轮的尺寸计算

基本参数：模数 m 和齿数 z		
名称	代号	计算公式
齿顶高	h_a	$h_a=m$
齿根高	h_f	$h_f=1.25m$
齿高	h	$h=h_a+h_f$
分度圆直径	d	$d=mz$

基本参数：模数 m 和齿数 z		
齿顶圆直径	d_a	$d_a=d+2h_a=m\,(z+2)$
齿根圆直径	d_f	$d_f=d-2h_f=m\,(z-2.5)$
中心距	a	$a=1/2\,(d_1+d_2)=1/2\,(z_1+z_2)$

【任务实施】

1. 单个圆柱齿轮的规定画法

如图 7-19 所示，单个齿轮一般用两个图形表示，轮齿按以下规定绘制：

（1）投影为圆的视图上：分度圆画点画线，齿顶圆画粗实线，齿根圆画细实线或省画。

（2）投影为非圆的视图上：视图表达中，齿顶线画粗实线，齿根线省画；剖视表达中，齿顶线和齿根线均画粗实线，轮齿部分按不剖绘制；分度线在视图或剖视表达中均画点画线（超出轮廓线 2 ～ 3 mm）。

（3）当需要表达轮齿的形状时，可采用半剖表达，用 3 条细实线表示齿线的方向。

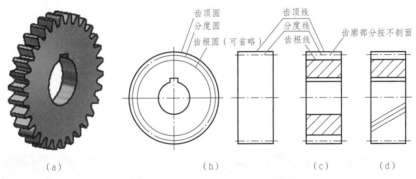

（a）　　　　　　（b）　　　　　　（c）　　　（d）

图 7-19　圆柱齿轮的规定画法

（a）模型图；（b）视图；（c）剖视图；（d）半剖（斜齿）

2. 两圆柱齿轮啮合的画法

如图 7-20 所示，两标准齿轮啮合画法规定如下：

（1）投影为圆的视图上：啮合部分两分度圆（点画线）相切，啮合区齿顶圆均画粗实线［图 7-20（a）］，也可以省略画，齿根圆（细实线）一般省画，如图 7-20（b）所示。

（2）投影为非圆的视图上：剖视表达中，啮合部分两分度线重合，只画一条分度线（点画线），齿顶线在一个齿轮上画粗实线而在另一个齿轮上画虚线，齿根线画粗实线，如图 7-20（a）所示；视图表达中，啮合区齿顶线和齿根线均省画，节线画成粗实线，如图 7-20（c）所示。

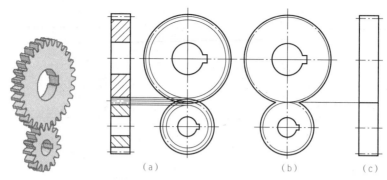

图 7-20　圆柱齿轮啮合的规定画法

注意：正常啮合的两个齿轮的齿顶与齿根之间存在 0.25 mm 的间隙，如图 7-21（a）所示；在剖视表达中，齿顶线和齿根线要根据投影关系画出，其中被挡住的齿顶线画成虚线，如图 7-21（b）所示。非啮合区域仍按单个齿轮的规定画法绘制。

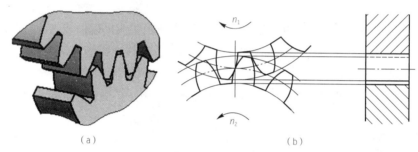

图 7-21　齿轮啮合区投影的画法

（a）齿顶与齿根间隙；（b）画法

任务四　绘制普通平键连接图

【任务描述】

根据图 7-22 所示的结构图，绘制其连接图。

【任务分析】

图 7-22　普通平键连接

键通常用来连接轴及轴上的传动零件（如齿轮、皮带轮等），以传递扭矩，它是标准件。普通平键在工作时，其两个侧面为工作面，即两个侧面与轴、孔上键槽侧面接触，键的底面与轴上键槽底面接触，键的顶面与齿轮上键槽底面为非接触面。键连接图按装配图有关规定画法作图。

1．常用键的形状和种类

键的种类很多，常用的键有普通平键、半圆键、钩头楔键三种，如图 7-23 所示。普通平键应用最广，根据其头部结构的不同，又分为 A 型（圆头）、B 型（方形）、C 型（单圆头）3 种形式。

键连接

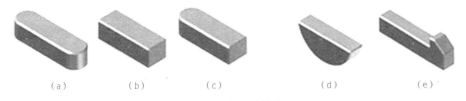

图 7-23　常用键的类型

（a）（b）（c）普通平键；（d）半圆键；（e）钩头楔键

2．普通平键的规定标记

表 7-5 列举了常用键的规定标记。

表 7-5　键的形式和标记示例

名称及标准代号	图例	规定标记示例
普通型　平键 GB/T 1096—2003		宽度 b=16 mm 高度 h=10 mm 长度 L=80 mm 普通 A 型平键的标记： GB/T 1096 键 16×10×80
普通型　半圆键 GB/T 1099.1—2003		宽度 b=10 mm 高度 h=13 mm 直径 d=32 mm 普通型 半圆键的标记： GB/T 1099.1 键 10×13×32
钩头型　楔键 GB/T 1565—2003		宽度 b=16 mm 长度 L=100 mm 钩头型楔键的标记： GB/T 1565 键 16×100

【任务实施】

1．查表确定轴和齿轮轮毂上键槽的尺寸

如图 7-24 所示的设计图中（单位：mm），轴径 d=16，齿轮的宽度 B=24，查附表 B 中表 B-10 可得以下尺寸：

（1）键的尺寸：宽 b=5，高 h=5，根据齿轮宽度 B 选择公称长度 L=20，如图 7-24（a）所示。

（2）轴上键槽宽 b=5，深 t=3，如图 7-24（b）所示。

（3）齿轮轮毂上键槽宽 b=5，深 t_1=2.3，如图 7-24（c）所示。

键槽画法及尺寸标注

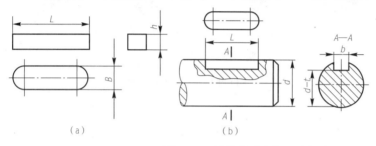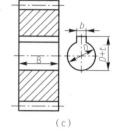

（a）　　　　　　　　　（b）　　　　　　　　（c）

图 7-24　键槽的画法和尺寸标注

（a）键的尺寸；（b）轴上键槽尺寸；（c）齿轮轮毂上键槽尺寸

2．绘制连接图

普通平键连接如图 7-25 所示。

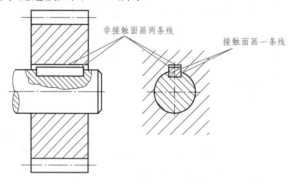

非接触面画两条线　　　接触面画一条线

图 7-25　普通平键连接

键连接画法

任务五　识读销连接图

【任务描述】

由图 7-26 所示的圆柱销、圆锥销和开口销连接图，分析销的结构形状和规定标记。

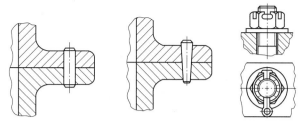

图 7-26　圆柱销和圆锥销连接

【任务分析】

销也是标准件，通常用于两零件之间的连接、定位或防松，销和孔之间是配合关系，使用时按相关标准查表选用，其标准见附表。

常用的销有圆柱销、圆锥销和开口销，如图 7-27 所示。圆柱销和圆锥销可用于连接零件和传递较小的动力，也可在装配时定位用；开口销用在螺纹连接的锁紧装置中，以防止螺母松动。

（a）　　　　　　　　（b）　　　　　　　　（c）

图 7-27　销的种类

（a）圆柱销；（b）圆锥销；（c）开口销

【任务实施】

常用销的简图和标记示例见表 7-6。其中，圆柱销和圆锥销的标准尺寸参考附录 B 中的表 B-8、表 B-9。

表 7-6　常用销的简图和标记示例

名称及标准代号	图例	规定标记示例
圆柱销 GB/T 119.1—2000		公称直径 d=8 mm、公差为 m6、公称长度 L=30 mm 的圆柱销 销 GB/T 119.1 8 m6×30
圆锥销 GB/T 117—2000		公称直径 d=8 mm（小端直径）、公称长度 L=30 mm 的 A 型圆锥销 销 GB/T 117 8×30

名称及标准代号	图例	规定标记示例
开口销 GB/T 91—2000		公称直径 *d*=5 mm、公称 长度 *L*=26 mm 的开口销 销 GB/T 91 5×26

任务六　认识滚动轴承及其画法

【任务描述】

认识图 7-28 所示的滚动轴承，了解其结构、标记和画法。

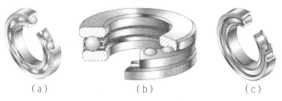

图 7-28　常用滚动轴承的类型

（a）向心轴承；（b）推力轴承；（c）向心推力轴承

【任务分析】

图 7-28 所示的轴承为常用的滚动轴承，它们是支承转动轴的标准件。滚动轴承可以极大地减少轴与孔相对旋转时的摩擦力，具有机械效率高、结构紧凑等优点，因此应用极为广泛。

滚动轴承由内圈（或上圈）、外圈（或下圈）、滚动体、保持架 4 部分组成。其规格和形式多样。使用时，将滚动轴承的外圈装在机座的轴承孔内固定不动，而内圈与轴紧密配合且随轴转动，滚动体装在内外圈之间的滚道中，用保持架来均匀分隔滚动体，防止滚动体之间相互摩擦与碰撞。国家标准规定了滚动轴承的通用画法、规定画法和特征画法 3 种。

【相关知识】

1. 滚动轴承的类型

滚动轴承按其承受荷载的方向不同分为以下 3 类：

（1）向心轴承。主要承受径向荷载，常用的向心轴承有深沟球轴承。

（2）推力轴承。只承受轴向荷载，如推力球轴承。

（3）角接触轴承。能同时承受径向荷载和轴向荷载，如圆锥滚子轴承。

2．滚动轴承的代号

滚动轴承的代号由前置代号、基本代号和后置代号组成。其顺序如下：

| 前置代号 | 基本代号 | 后置代号 |

前置代号和后置代号是轴承在结构形状、尺寸、公差、技术要求等有改变时，在基本代号前、后添加的补充代号。需要时可查阅相关国家标准。若无特殊要求，滚动轴承一般只标记基本代号。基本代号的组成如下：

（1）类型代号。轴承类型代号用数字或大写拉丁字母表示，见表7-7。

表 7-7 滚动轴承的类型代号

代号	轴承类型	代号	轴承类型
0	双列角接触球轴承	6	深沟球轴承
1	调心球轴承	7	角接触球轴承
2	调心滚子轴承和推力调心球轴承	8	推力圆柱滚子轴承
3	圆锥滚子轴承	N	圆柱滚子轴承
4	双列深沟球轴承	U	外球面球轴承
5	推力球轴承	QJ	四点接触球轴承

（2）尺寸系列代号。由轴承的宽（高）度系列代号和直径系列代号组合而成，一般用两位数字表示。它表示同一种轴承在内径相同时，其内、外圈的厚度和宽度不同。除圆锥滚子轴承外，其余各类轴承宽度系列代号"0"均省略。详细情况可以查阅有关标准。

（3）内径代号。表示滚动轴承的公称内径，一般由两位数字组成。当代号为00、01、02、03时，分别表示内径为 10 mm、12 mm、15 mm、17 mm；当代号为04～99时，代号数字乘以 5，即轴承内径。当内径大于 500 mm 及内径为 22 mm、28 mm、30 mm 时，用内径直接表示，在它与尺寸系列代号之间用"/"分开。

 【任务实施】

1．滚动轴承标记示例

滚动轴承 6205 GB/T 276—2013

2．滚动轴承的画法

《机械制图 滚动轴承表示法》（GB/T 4459.7—2017）对滚动轴承的画法作了统一规定，附录 B 中的表 B-11、表 B-12 分别摘录了深沟球轴承和圆锥滚子轴承的标准尺寸，先查表确定主要数据，再根据相应比例绘制，见表 7-8。

表 7-8　常用滚动轴承的画法

轴承的结构、类型及标准号	通用画法	规定画法	特征画法
 深沟球轴承（GB/T 276—2013）		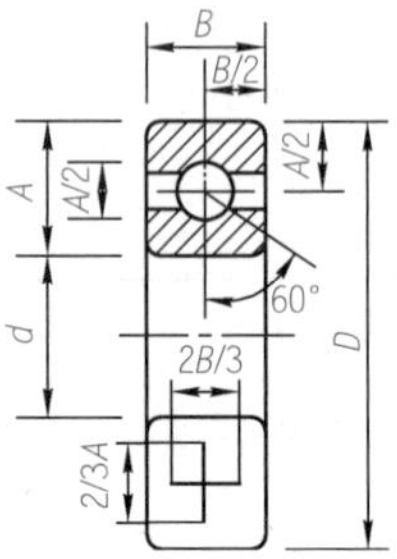	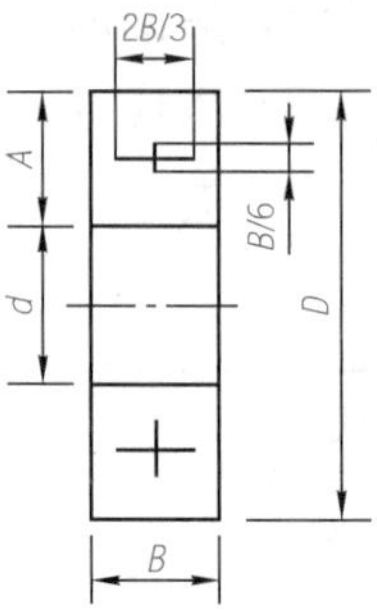
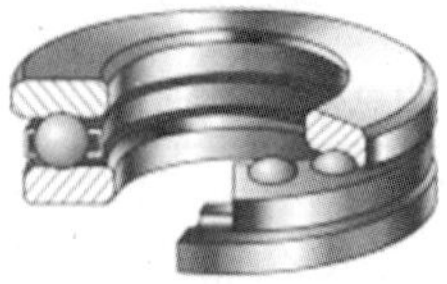 推力球轴承（GB/T 28697—2012）	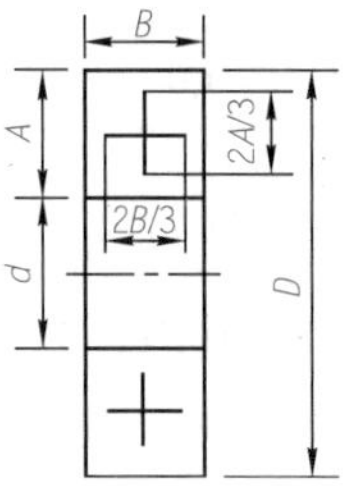	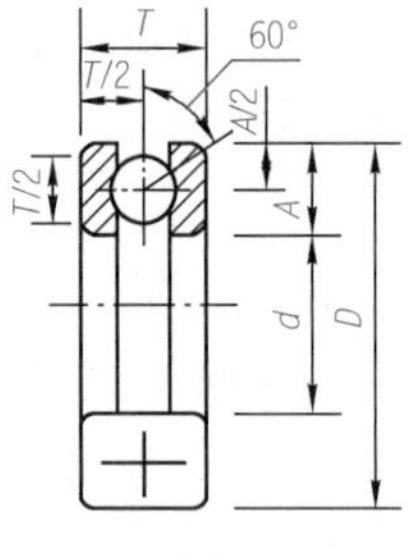	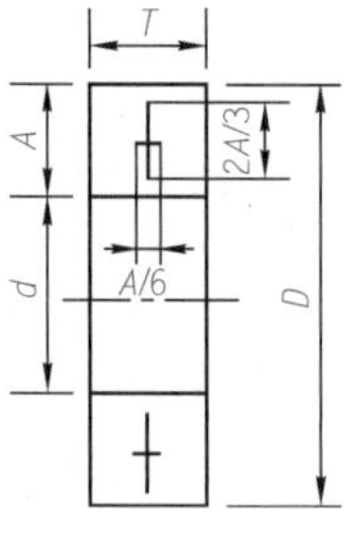
 圆锥滚子轴承 30000 型（GB/T 297—2015）		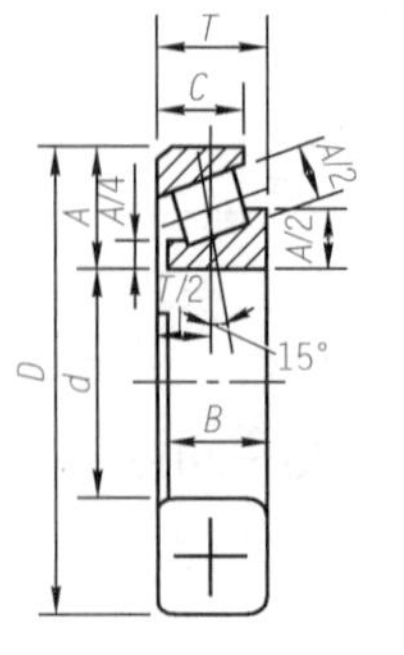	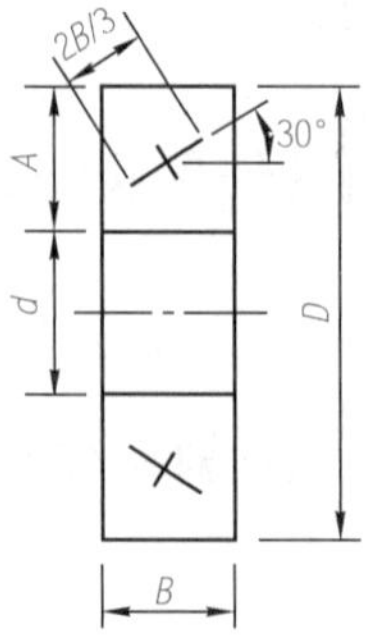

任务七　绘制圆柱螺旋压缩弹簧的视图

弹簧的用途很广，它可以用来减震、夹紧、承受冲击、储存能量和测力等。其特点是在外力去掉后能立即恢复原状。

弹簧的种类很多，常用的有圆柱螺旋弹簧，根据用途不同可分为压缩弹簧、拉伸弹簧和扭力弹簧，如图 7-29 所示。本任务主要介绍圆柱螺旋压缩弹簧的画法。

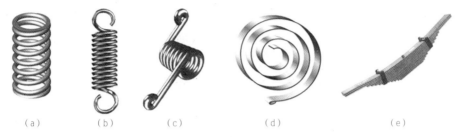

（a）　　　　　（b）　　　　　（c）　　　　　　　　（d）　　　　　　　　（e）

图 7-29　几种常见弹簧

（a）压缩弹簧；（b）拉伸弹簧；（c）扭转弹簧；（d）平面涡卷弹簧；（e）板弹簧

【任务描述】

根据图 7-30 所示的圆柱螺旋压缩弹簧，绘制其剖视图。

【任务分析】

圆柱螺旋压缩弹簧整体可分为两部分，即两端的支撑圈和中间的有效圈（工作圈）。有效圈部分是有规律的重复结构，绘图时可简化。

【相关知识】

圆柱螺旋压缩弹簧各部分的名称及尺寸关系如图 7-30所示。

（1）弹簧丝直径 d。制造弹簧所用金属丝的直径。

（2）弹簧中径 D。弹簧的平均直径。

（3）弹簧内径 D_1。弹簧的最小直径 $D_1=D-d$。

（4）弹簧外径 D_2。弹簧的最大直径 $D_2=D+d$。

（5）弹簧间距 t。相邻两有效圈上对应点间的轴向距离。

（6）支承圈数 n_2、有效圈数 n、总圈数 n_1。

为了使弹簧工作平衡，端面受力均匀，制造时将弹簧两端压紧靠实，并磨出支承平面，这些圈起支承作用，所以称

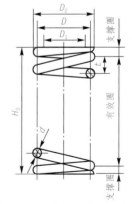

图 7-30　压缩弹簧各部分名称

为支承圈。支承圈数 n_2 表示两端支承圈数的总和，一般有 1.5 圈、2 圈及 2.5 圈 3 种，常见为 2.5 圈。除支承圈外，中间保持相等节距的圈称为有效圈数 n，有效圈数与支承圈数之和为总圈数 n_1，即 $n_1=n_2+n$。

（7）自由高度 H_0。未受荷载作用时的弹簧高度（或长度），$H_0=nt+（n_2-0.5）d$。

（8）展开长度 L。制造弹簧时所需的金属丝长度，$L \approx n_1\sqrt{(\pi D)^2+t^2}$。

 【任务实施】

1. 单个弹簧的画法

圆柱螺旋压缩弹簧可画成视图、剖视图和示意图 3 种形式，如图 7-31 所示。

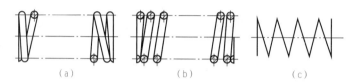

图 7-31　压缩弹簧的表达形式

（a）视图；（b）剖视图；（c）示意图

弹簧剖视图的作图方法和步骤见表 7-9。

表 7-9　绘制圆柱螺旋压缩弹簧

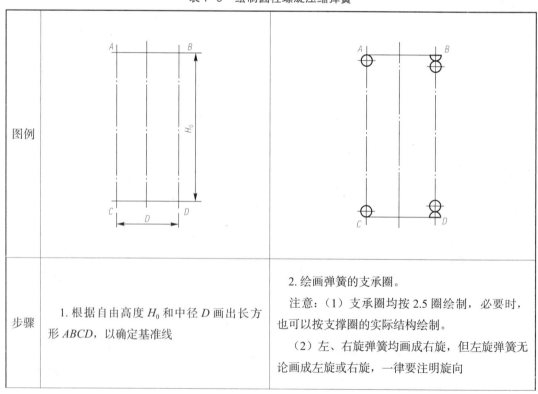

图例		
步骤	1. 根据自由高度 H_0 和中径 D 画出长方形 $ABCD$，以确定基准线	2. 绘画弹簧的支承圈。 注意：（1）支承圈均按 2.5 圈绘制，必要时，也可以按支撑圈的实际结构绘制。 （2）左、右旋弹簧均画成右旋，但左旋弹簧无论画成左旋或右旋，一律要注明旋向

图例	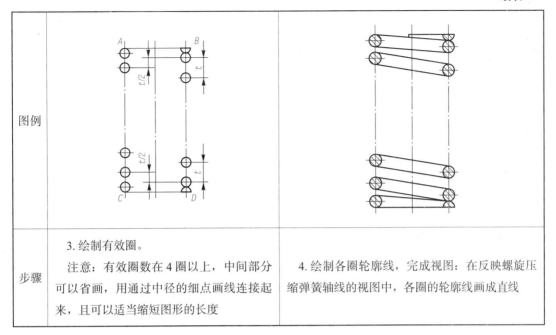
步骤	3.绘制有效圈。 注意：有效圈数在4圈以上，中间部分可以省画，用通过中径的细点画线连接起来，且可以适当缩短图形的长度	4.绘制各圈轮廓线，完成视图：在反映螺旋压缩弹簧轴线的视图中，各圈的轮廓线画成直线

2. 弹簧在装配图中的画法

圆柱螺旋压缩弹簧在装配图中的画法应注意以下几点：

（1）在平行于螺旋弹簧轴线的投影面的视图中，其各圈的轮廓应画成直线。

（2）有效圈数在4圈以上时，可以每端只画出1～2圈（支承圈除外），其余省略不画。

（3）弹簧中间有效圈采取简化画法后，被弹簧挡住的结构一般不画出，可见部分只画到弹簧钢丝的断面轮廓或中心线处，如图7-32（a）、（b）所示。

（4）当弹簧丝直径小于2 mm时，弹簧可采用示意画法，如图7-32（c）所示，其断面也可以涂黑表示。

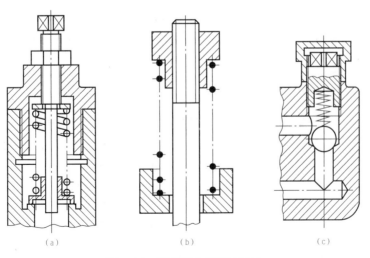

图 7-32 装配图中缩簧的画法

任务一　认识零件图

表示零件结构、大小和技术要求的图样称为零件图。它是制造和检验零件的依据，是组织生产的主要技术文件之一，在生产中有着重要作用。学会画零件图和看零件图，是从事技术工作的基础。

【任务描述】

通过认识如图 8-1 所示的 JX 型飞机液压油泵传动轴零件图，明确零件图的作用和所包含的内容，并了解零件上常见的机械加工工艺结构。

【相关知识】零件加工面的工艺结构

零件的结构形状是根据它在机器中的作用来决定的。结构形状应满足设计要求和工艺要求，还要考虑在零件加工、测量和装配过程所提出的一系列工艺要求，使零件具有合理的工艺结构，以利于生产。零件的加工面一般是指切削加工得到的表面，即通过车、铣、钻、磨或镗等用去除材料的方法加工形成的表面。

1. 倒角和倒圆

为了便于安装和安全，轴或孔的端部一般都加工成倒角。常用倒角为 45°（用 C 表示），也有 30°或 60°的倒角。为避免阶梯轴轴肩的根部因应力集中而产生裂纹，故在轴肩根部加工成圆角过渡，称为倒圆。倒角和倒圆的尺寸标注方法如图 8-2 所示。其倒角轴向距离和倒圆半径，可根据轴或孔的直径查阅国家标准确定。

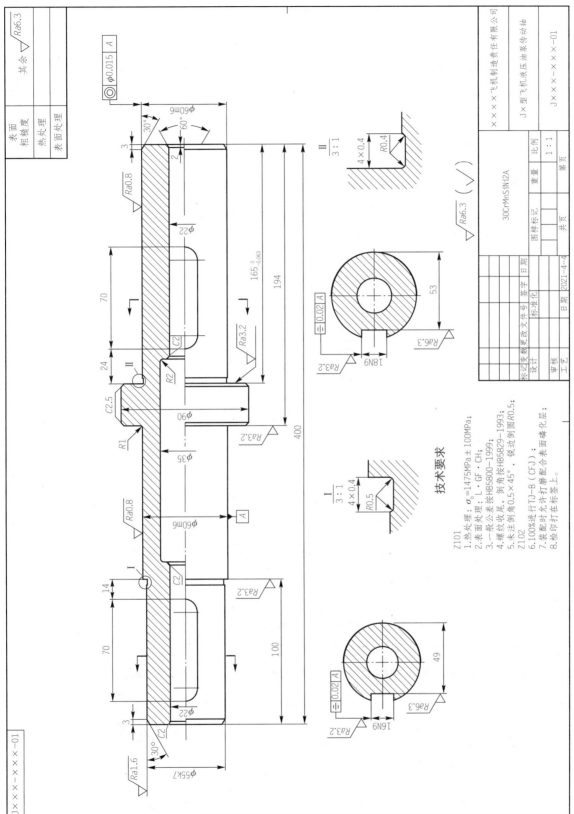

图 8-1　JX 型飞机液压油泵传动轴零件图

技术要求

Z101
1. 热处理：σ_b=1475MPa±100MPa；
2. 表面处理：L·GF·CH；
3. 一般公差按HB5800-1999；
4. 螺纹收尾、倒角按HB5829-1993；
5. 未注倒角0.5×45°，锐边倒圆R0.5；
Z102
6. 100%进行TJ-B（CFJ）；
7. 装配时允许打磨配合表面磷化层；
8. 烙印打在标志上。

30CrMnSiNi2A

×××飞机制造责任有限公司

J×型飞机液压油泵传动轴

J×××-×××-01

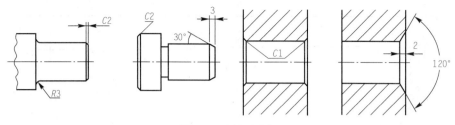

图 8-2　倒角和倒圆

2. 退刀槽和砂轮越程槽

在车削内孔、车削螺纹和磨削零件表面时，为便于退出刀具或使砂轮可以稍越过加工面，常在待加工面的末端预先制出退刀槽或砂轮越程槽。退刀槽的尺寸可按"槽宽 × 槽深"或"槽宽 × 直径"的形式标注，如图 8-3 所示。

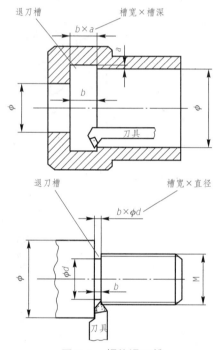

图 8-3　螺纹退刀槽

在磨削圆柱面时，为了使砂轮能稍微超过磨削部位，常在被加工部位的终端加工出砂轮越程槽，其尺寸可按"槽宽 × 槽深"或"槽宽 × 直径"的形式标注出，如图 8-4 所示。

退刀槽和砂轮越程槽的结构与尺寸，可根据轴或孔的直径，查阅国家标准确定。

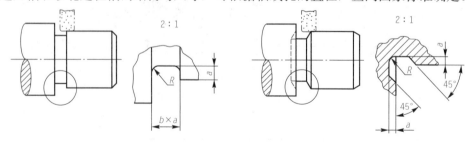

图 8-4　砂轮越程槽

3．凸台与凹坑

零件上与其他零件接触的表面，一般都要经过机械加工，为保证零件表面接触良好和减少加工面积，可在接触处做出凸台、凹槽或锪平成凹坑，如图 8-5 所示。

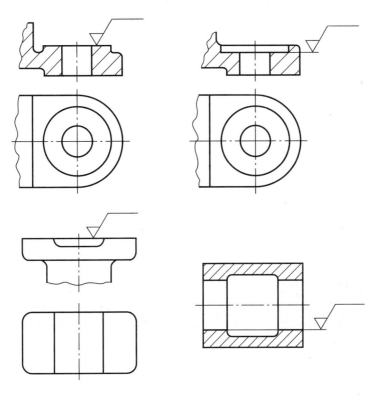

图 8-5　凸台与凹坑

4．钻孔结构

钻孔时，要求钻头尽量垂直于孔的端面，以保证钻孔准确和避免钻头折断，对斜孔、曲面上的孔，应先制成与钻头垂直的凸台或凹坑，如图 8-6 所示。钻削加工的盲孔，在孔的底部有 120°锥角，钻孔深度尺寸不包括锥角；在钻阶梯孔的过渡处也存在 120°锥角的圆台，其圆台孔深也不包括锥角，如图 8-7 所示。

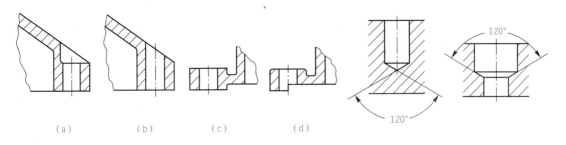

（a）　　　　（b）　　　　（c）　　　　（d）

图 8-6　钻孔端面结构合理性　　　　　　　图 8-7　钻孔结构
（a）合理；（b）不合理；（c）合理；（d）不合理

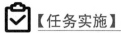 【任务实施】

从图 8-1 所示的 JX 型飞机液压油泵传动轴零件图可知，一张零件图应包含以下 4 个方面内容：

（1）一组视图。用恰当的视图、剖视图、断面图和局部放大图等，完整、清晰地表达零件各部分的结构形状。

（2）完整的尺寸。正确、完整、清晰、合理地标注出制造和检验零件所需的全部尺寸。

（3）技术要求。零件制造和检验应达到的技术指标。技术要求用规定的代号和文字，注写制造、检验零件所达到的技术要求，如表面粗糙度、极限与配合、形位公差、热处理及表面处理等。

（4）标题栏。图纸右下角的标题栏中填写零件的图样名称、材料、数量、绘图比例、图样代号及设计、绘图人员的签名等。

JX 型飞机液压油泵传动轴上的机械加工工艺结构有两处砂轮越程槽，轴肩根部有圆角 $R0.5$ 和 $R0.4$，如局部放大图所示；两端有倒角 $3 \times 30°$，中部有倒角 $C2.5$ 等。

任务二　零件图的表面结构要求及其注写

零件图中除视图和尺寸外，还应具备制造和检验零件的技术要求，技术要求主要包括零件的表面结构、极限与配合、形状和位置公差；对零件的材料的热处理和表面修饰的说明；对于特殊加工和检验的说明。

以上内容有的需用符号在图中标注，有的要用文字注写。

零件图尺寸标注
注意事项

【任务描述】

根据要求在图 8-8 所示的 JX 型飞机液压油泵传动轴上标注表面结构要求。

（1）ϕ55k7 圆柱表面的表面结构要求为用去除材料方法得到的表面粗糙度为 $Ra1.6$ μm。

（2）两处 ϕ60m6 圆柱表面的表面结构要求为用去除材料方法得到的表面粗糙度为 $Ra0.8$ μm。

（3）两越程槽的端面的表面结构要求为用去除材料的方法得到的表面粗糙度为 $Ra3.2$ μm。

（4）两处键槽的工作侧面的表面结构要求为用去除材料方法得到的表面粗糙度为 $Ra3.2$ μm，槽底的表面结构要求为用去除材料方法得到的表面粗糙度为 $Ra6.3$ μm。

（5）其余各表面的表面结构要求为用去除材料方法得到的表面结构要求为 $Ra6.3$ μm。

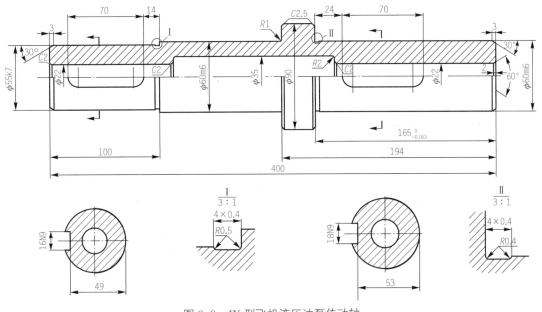

图 8-8　JX 型飞机液压油泵传动轴

⊙【任务分析】

　　本任务在学习表面结构相关知识和标注方法后，按要求在 JX 型飞机液压油泵传动轴上进行标注。

【相关知识】

1. 表面粗糙度的基本概念

　　表面结构是指零件表面的几何形貌，它是表面粗糙度、表面波纹度、表面纹理、表面缺陷和表面几何形状等的总称。其中，表面粗糙度是评定零件表面质量最重要的一项技术指标，它对零件的配合、耐磨性、抗腐蚀性及密封性都有重要的影响，是零件图中必不可少的内容。

　　无论采用何种加工所获得的零件表面，都不是绝对平整和光滑的，而存在微观凹凸不平的轮廓峰谷。零件加工表面上具有的这种较小间距和峰谷所组成的微观几何形状特征，称为表面粗糙度（可以简单地理解为表面的光滑程度）。表面粗糙度与加工方法、刀具形状及进给量等因素有密切关系，如图 8-9 所示。

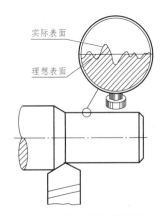

图 8-9　表面粗糙度示意

　　评定表面粗糙度常用两个参数，即轮廓算术平均偏差 Ra 和轮廓的最大高度 Rz。其中，Ra 是目前生产中评定零件表面质量的主要参数。Ra 是指在一个取样长度内，纵坐标 $Z(x)$

绝对值的算术平均值，如图 8-10 所示。

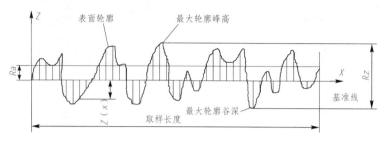

图 8-10　轮廓算术平均偏差 *Ra* 和轮廓最大高度 *Rz*

轮廓算术平均偏差 *Ra* 值的选用，既要满足零件表面的功能要求，又要考虑经济合理性。具体选用时，可参照已有的类似零件图，用类比法确定。一般零件的工作表面、配合表面、密封表面、摩擦表面和精度要求高的表面等，*Ra* 值应取小一些；非工作表面、非配合表面和尺寸精度低的表面，*Ra* 值应取大一些。

轮廓算术平均偏差 *Ra* 的单位为 μm，其数值应从国家标准 *Ra* 值系列中选取，工程中常用的 *Ra* 值有 0.40、0.80、1.60、3.2、6.3、12.5、25、50、100（μm）等。

2. 表面结构的图形符号及其含义

表面结构基本图形符号的画法如图 8-11 所示。符号的各部分尺寸与字体大小有关，并有多种规格。对于 3.5 号字，有 H_1=5 mm，H_2=10.5 mm，符号线宽 d = 0.35 mm；对于 2.5 号字，有 H_1=3.5 mm，H_2= 7.5 mm，符号线宽 d = 0.25 mm。

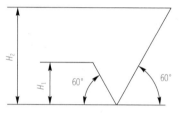

图 8-11　表面结构基本图形符号的画法

表面结构的基本图形符号、完整图形符号及其含义见表 8-1。

表 8-1　表面结构符号及含义

序号	符号	含义
1		基本图形符号，未指定工艺方法的表面，当通过一个注释解释时可单独使用
2		扩展图形符号，用去除材料方法获得的表面；仅当其含义是"被加工表面"时可单独使用
3		扩展图形符号，不去除材料的表面，也可用于表示保持上道工序形成的表面，不管这种状况是通过去除材料或不去除材料形成的
4		完整图形符号，在以上各种符号的长边上加一横线，以便注写对表面结构的各种要求

150

在完整符号中，对表面结构的单一要求和补充要求应注写在图 8-12（a）所示的指定位置，相关含义如下：

位置 a 和 b——a 注写第一表面结构要求，b 注写第二表面结构。

位置 c——注写加工方法、表面处理、涂层等工艺要求，如车、磨、铣等。

位置 d——注写要求的表面纹理和纹理方向，如"="" X""M"。

位置 e——注写加工余量，加工余量以 mm 为单位。

当在图样某个视图上构成封闭轮廓的各表面有相同的表面结构要求时，应在完整图形符号上加一圆圈，并应标注在图样中工件的封闭轮廓上，如图 8-12（b）所示。构成工件封闭轮廓的 6 个面（不含前、后面）具有相同的表面结构要求。

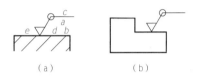

（a）　　　　　　　　　　（b）

图 8-12　补充要求的注写位置

表面粗糙度代号及其含义示例见表 8-2。

表 8-2　表面粗糙度代号及其含义示例

序号	符号	含义
1	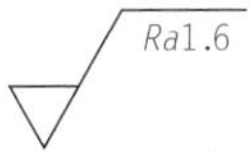 $Ra1.6$	表示用去除材料方法获得的表面粗糙度，Ra 的上限值为 1.6 μm
2	 $Rz\,max3.2$	表示用去除材料方法获得的表面粗糙度，Rz 的最大值为 3.2 μm
3	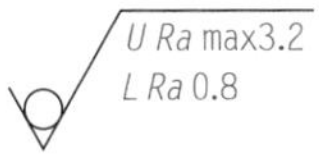 $U\,Ra\,max3.2$ $L\,Ra\,0.8$	表示不允许去除材料，双向极限值，Ra 的上限值为 3.2 μm，最大规则；Ra 的下限值为 0.8 μm

3．表面结构要求在图样中的注法

（1）表面结构要求对每一表面一般只标注一次，并尽可能标注在相应的尺寸及其公差的同一视图上。

（2）表面结构的注写和读取方向与尺寸注写和读取方向一致，如图 8-13 所示。

注意：表面结构注写在水平线上时，符号、代号的尖端应向下；注写在竖直线上时，符号、代号的尖端应向右；注写在倾斜线上时，符号、代号的尖端应向下倾斜。

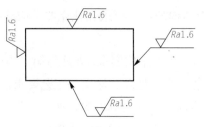

图 8-13　表面结构的注写

（3）表面结构要求可标注在轮廓线上，其符号应从材料外指向并接触零件表面。必要时，表面结构符号也可用带箭头或黑点的指引线引出标注，如图 8-14 所示。

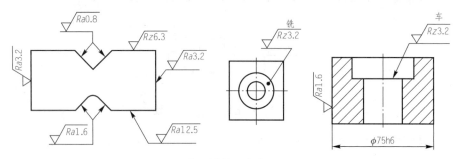

图 8-14　表面结构要求的标注（一）

（4）在不致引起误解的时候，表面结构要求可以标注在给定的尺寸线上或几何公差框格的上方，如图 8-15 所示。

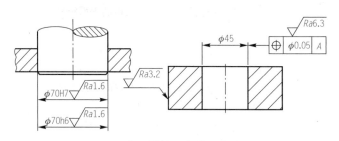

图 8-15　表面结构要求的标注（二）

（5）圆柱和棱柱的表面结构要求只标注一次，如图 8-16 所示。如果每个棱柱表面有不同的表面结构要求，则应分别单独标注。

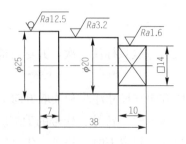

图 8-16　表面结构要求的标注（三）

（6）如果工件的多数（包括全部）表面有相同的表面结构要求，则其表面结构要求可以统一简化标注在图样的标题栏附近。表面结构要求的符号后面应有以下两种情况：在圆括号内给出无任何其他标注的基本符号，如图 8-17 所示；在圆括号内给出不同的表面结构要求，如图 8-18 所示。

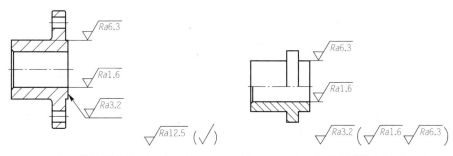

图 8-17　表面结构要求的标注（四）　　　　图 8-18　表面结构要求的标注（五）

（7）多个表面有共同要求的注法。当多个表面具有相同的表面结构要求或图纸空间有限时，可以采用简化注法。

①可用带字母的完整符号，以等式的形式，在图形或标题栏附近，对有相同表面结构要求的表面进行简化标注，如图 8-19 所示。

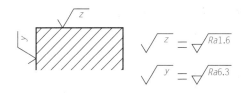

图 8-19　表面结构要求的标注（六）

②可用表 8-1 的表面结构符号，以等式的形式给出对多个表面共同的表面结构要求，如图 8-20 所示。

图 8-20　表面结构要求的标注（七）

【任务实施】

JX 型飞机液压油泵传动轴的表面结构要求标注结果如图 8-21 所示。

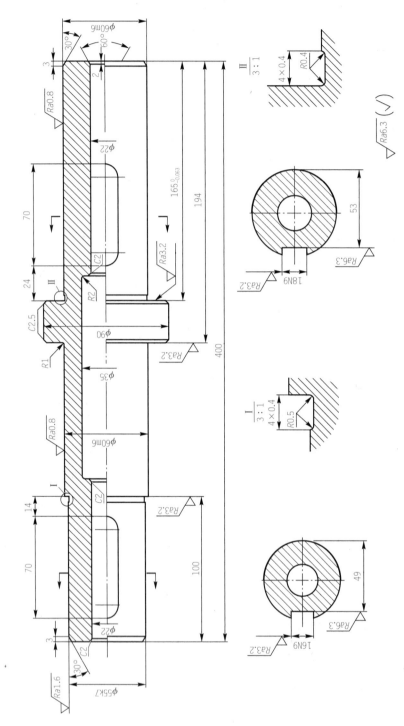

图 8-21　JX 型飞机液压油泵传动轴的表面结构要求结果

任务三　在 JX 型飞机液压油泵传动轴上标注尺寸公差及几何公差

零件的尺寸是保证零件互换性的重要几何参数，为了使零件具有互换性，并不要求零件的尺寸加工得绝对一样，而是要求在保证零件的机械性能和互换性的前提下，允许零件尺寸有一个合理的变动范围，零件加工后测得的实际尺寸在这个变动范围内即合格。

同时，为了提高产品质量，满足零件的使用性能、装配要求和使用寿命，除给定零件恰当的尺寸公差和表面结构要求外，还应规定适当的几何精度（几何公差），以限制零件要素的形状和位置误差。几何公差同零件的尺寸公差、表面结构一样，是评定零件质量的一项重要技术指标，也应按规定注写在图样上。

【任务描述】

根据要求在图 8-8 所示的 JX 型飞机液压油泵传动轴上标注尺寸公差和几何公差。

（1）尺寸 $\phi55$ 的基本偏差代号为 k，公差等级为 7 级，查标准表确定其上、下极限偏差值，并同时标注出公差代号与极限偏差值。

（2）尺寸 $\phi60$ 的基本偏差代号为 m，公差等级为 6 级。

（3）两个键槽的宽度方向，其基本偏差代号为 N，公差等级为 9 级。

（4）尺寸 165 的上极限偏差为 0，下极限偏差为 −0.063。

（5）右端 $\phi60$ 圆柱轴线相对于传动轴中部 $\phi60$ 圆柱轴线的同轴度要求为 $\phi0.015$。

【任务分析】

本任务在学习尺寸公差及几何公差相关知识和标注方法后，按要求在 JX 型飞机液压油泵传动轴上进行标注。

【相关知识】

■ 一、极限与配合的概念

1. 零件的互换性

在一批相同规格和型号的零件中，不须选择，也不经过任何修配，任取一件就能装到机器上，并能保证使用性能的要求，零件的这种性质称为互换性。零件具有互换性，对于现代协作化生产、专业化生产、提高劳动效率，提供了重要条件。

2．公差的有关术语

为了保证互换性，必须将零件尺寸的加工误差限制在一定的范围内，规定出尺寸允许的变动量，这个允许的尺寸变动量就是尺寸公差，简称公差。公差越小，零件的精度越高，实际尺寸的允许变动量也越小；反之，公差越大，尺寸的精度越低。

以图 8-22（a）为例说明公差的有关术语。

（1）公称尺寸。由图样规范确定的理想形状要素的尺寸，如 ϕ50。

（2）极限尺寸。尺寸要素允许尺寸的两个极端，它以公称尺寸为基数来确定。其中，尺寸要素允许的最大尺寸称为上极限尺寸，尺寸要素允许的最小尺寸称为下极限尺寸。

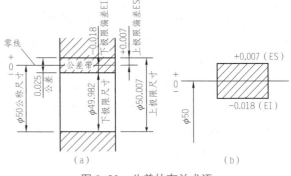

图 8-22　公差的有关术语
（a）尺寸公差名词解释；（b）公差带图

上极限尺寸：ϕ50+0.007=ϕ50.007；
下极限尺寸：ϕ50-0.018=ϕ49.982。

（3）极限偏差。极限尺寸减公称尺寸所得的代数差，分别称为上极限偏差和下极限偏差。孔的上极限偏差用 ES、下极限偏差用 EI 表示；轴的上极限偏差用 es、下极限偏差用 ei 表示，上、下极限偏差值可以是正值、负值或零。

$$ES=\phi50.007-\phi50=+0.007；EI=\phi49.982-\phi50=-0.018$$

（4）尺寸公差。允许尺寸的变动量。公差等于上极限尺寸减下极限尺寸，也等于上极限偏差减下极限偏差所得的代数差，其值大于零。

$$公差 = 上极限尺寸 - 下极限尺寸 =\phi50.007-\phi49.982=0.025$$
$$公差 = 上极限偏差 - 下极限偏差 = 0.007-（-0.018）=0.025$$

（5）零线。偏差值为零的一条基准直线，零线常用公称尺寸的尺寸界线表示。

（6）公差图。在公差分析中，常把公称尺寸、极限偏差及尺寸公差之间的关系简化成公差带图，如图 8-22（b）所示。

（7）尺寸公差带（简称公差带）。在公差带图中，由代表上、下极限偏差的两条直线所限定的一个区域。

3．标准公差与基本偏差

《产品几何技术规范（GPS）线性尺寸公差 ISO 代号体系 第 1 部分：公差、偏差和配合的基础》（GB/T 1800.1 － 2020）中规定，公差带是由标准公差和基本偏差组成的。标准公差确定公差带的大小，基本偏差确定公差带的位置。

（1）标准公差。标准公差是由国家标准所列的、用以确定公差带大小的公差值。标准公差用公差符号"IT"表示，分为 20 个等级，即 IT01、IT0、IT1、IT2、……、IT18。同一公称尺寸中，标准公差反映了尺寸的精确程度，IT01 公差值最小，精度最高；IT18 公差值最大，精度最低。

（2）基本偏差。公差带图中靠近零线的那个极限偏差称为基本偏差。

（3）基本偏差系列。国家标准对孔和轴各规定了28个基本偏差，该28个基本偏差就构成基本偏差系列。基本偏差的代号用拉丁字母表示，大写字母表示孔、小写字母表示轴，如图8-23所示。

由图8-23可知，孔的基本偏差从A～H为下极限偏差，从J～ZC为上极限偏差；轴的基本偏差从a～h为上极限偏差，从j～zc为下极限偏差。图中H和h的基本偏差为零，它们分别代表基准孔和基准轴。JS和js对称于零线，其上、下极限偏差分别为 +IT/2 和 –IT/2。

孔、轴的公差带代号由基本偏差代号和公差等级代号组成，并且要用同一号字体书写。例如 ϕ50H8、ϕ50f7。ϕ50H8表示公称尺寸为 ϕ50、公差等级为8级、基本偏差为H的孔的公差带；ϕ50f7表示公称尺寸为 ϕ50、公差等级为7级、基本偏差为f的轴的公差带。

轴和孔的极限偏差数值参考附录C。

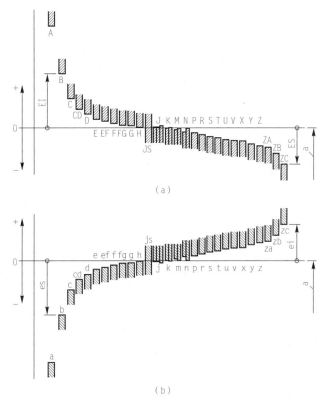

图8-23 基本偏差系列示意

（a）孔（内尺寸要素）；（b）轴（外尺寸要素）

4．配合的概念

公称尺寸相同并且相互结合的孔和轴公差带之间的关系，称为配合。根据使用要求不同，配合分为间隙配合、过盈配合、过渡配合3种。

（1）间隙配合。具有间隙（包括最小间隙等于零）的配合。在间隙配合中，孔的实际尺寸总比轴的实际尺寸大，其特点是孔的公差带在轴的公差带之上，也就是说，孔的最小尺寸大于或等于轴的最大尺寸，如图8-24（a）所示。

（2）过盈配合。具有过盈（包括最小过盈等于零）的配合。在过盈配合中，孔的实际尺寸总比轴的实际尺寸小（装配时需要一定的外力或将带孔零件加热膨胀后，才能把轴压入孔中），其特点是孔的公差带在轴的公差带之下，也就是说，轴的最小尺寸大于或等于孔的最大尺寸，如图8-24（b）所示。

（3）过渡配合。可能具有间隙或过盈的配合。在过渡配合中，轴的实际尺寸有时比孔的实际尺寸小，有时比孔的实际尺寸大，装配在一起时，可能出现间隙，也可能出现过盈，但间隙或过盈都相对较小，其特点是孔的公差带与轴的公差带相互交叠，如图8-24（c）所示。

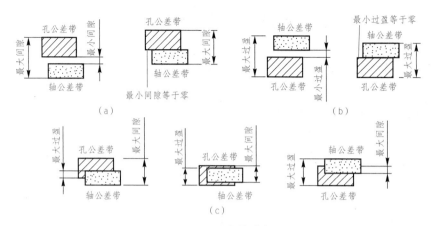

图 8-24　配合的种类

（a）间隙配合；（b）过盈配合；（c）过渡配合

5．配合的基准制

在加工制造相互配合的零件时，为了满足零件结构和工作要求，取其中一个零件作为基准件，使其基本偏差不变，通过改变另一零件的基本偏差以达到不同配合性质的要求。国家标准规定了以下两种基准制。

（1）基孔制。基本偏差为一定的孔的公差带，与不同基本偏差的轴的公差带形成各种配合的一种制度，如图 8-25 所示。基孔制的孔称为基准孔，其基本偏差代号为 H，下极限偏差 EI 为零。

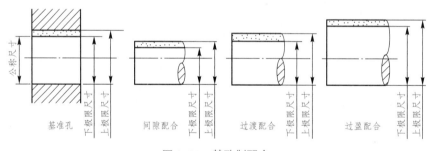

图 8-25　基孔制配合

（2）基轴制。基本偏差为一定的轴的公差带，与不同基本偏差的孔的公差带形成各种配合的一种制度，如图 8-26 所示。基轴制的轴称为基准轴，其基本偏差代号为 h，上极限偏差 es 为零。

一般情况下，孔的加工比轴的加工难度大，因此要优先选用基孔制配合。同时，采用基孔制可以减少加工孔所需要的定制刀具的品种和数量，降低生产成本。

在基孔制中，基准孔 H 与轴配合，a～h 用于间隙配合；j～n 主要用于过渡配合；n、p、r 可能为过渡配合，也可能为过盈配合；p～zc 主要用于过盈配合。

在基轴制中，基准轴 h 与孔配合，A～H 用于间隙配合；J～N 主要用于过渡配合；N、P、R 可能为过渡配合，也可能为过盈配合；P～ZC 主要用于过盈配合。

与标准件配合时，通常选择标准件为基准件。如滚动轴承内圈与轴为基孔制配合，滚动轴承外圈与孔为基轴制配合。

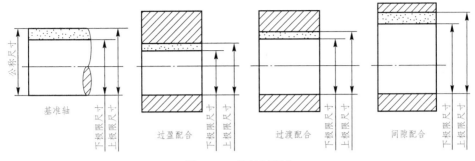

图 8-26　基轴制配合

■ 二、公差与配合的标注

1．在零件图上的标注

（1）标注公差带代号，如图 8-27（a）所示。这种标注方法和采用专用量具检验零件统一起来，以适应大批量生产的需要。

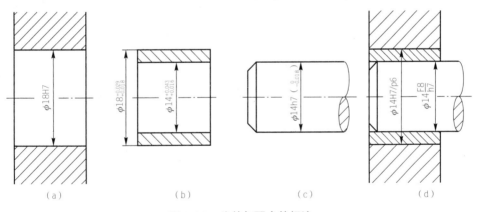

图 8-27　公差与配合的标注

（2）标注偏差数值，如图 8-27（b）所示。对于单件或小批量生产的零件，可以只注写上、下极限偏差数值。注写时，上、下极限偏差的字体比公称尺寸的字体小一号，上、下"0"位要对齐，且使下极限偏差与公称尺寸在同一底线上。

（3）标注公差带代号和偏差数值，如图 8-27（c）所示。对生产批量不确定、检测工具未定的零件，可在公称尺寸后面，同时标注公差带代号和上、下极限偏差值，注意偏差数值要放到后面的括号中。

2．在装配图中的标注

在装配图中，配合代号由两个相互结合的孔和轴的公差代号组成，用分数形式表示。

分子为孔的公差带代号，分母为轴的公差代号，在分数形式前注写公称尺寸，如图 8-27（d）所示。一般来说，在配合代号中，分子为 H 时是基孔制；分母为 h 时是基轴制。配合代号的含义如下：

ϕ40H7/n6——公称尺寸为 ϕ40，7 级基准孔与 6 级 n 轴的过渡配合。

ϕ18H7/p6——公称尺寸为 ϕ18，7 级基准孔与 6 级 p 轴的过盈配合。

ϕ14F8/h7——公称尺寸为 ϕ14，7 级基准轴与 8 级 F 孔的间隙配合。

■ 三、几何公差简介

一个合格且精度要求较高的零件，除要达到零件尺寸公差的要求外，还要保证对零件几何公差的要求。《产品几何技术规范（GPS）几何公差　形状、方向、位置和跳动公差标注》（GB/T 1182—2018）中，对零件的几何公差标注规定了基本的要求和方法。几何公差是指零件各部分形状、方向、位置和跳动误差所允许的最大变动量，它反映了零件各部分的实际要素对理想要素的误差程度。合理确定零件的几何公差，才能满足零件的使用性能与装配要求，它同零件的尺寸公差、表面结构一样，是评定零件质量的一项重要指标。

图 8-28（a）所示的圆柱体，由于加工误差的原因，应该是直线的母线实际加工成了曲线，这就形成了圆柱体母线的直线度形状误差。此外，平面、圆、轮廓线和轮廓面偏离理想形状的情况，也形成形状误差。

图 8-28（b）所示的台阶轴，由于加工误差的原因，出现了两段圆柱体的轴线不在一条直线上的情况，这就形成了轴线的实际位置与理想位置的位置误差。

此外，零件上各几何要素的相互垂直、平行、倾斜等对理想位置的偏离情况，会形成方向误差。

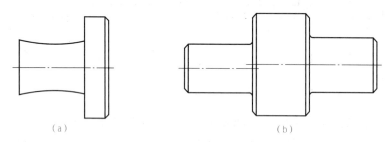

（a）　　　　　　　　　　　（b）

图 8-28　几何公差的形成示意

（a）形状公差；（b）位置公差

1. 几何公差的几何特征符号

几何公差各项目特征符号见表 8-3。

表 8-3 几何公差特征符号

公差类型	特征项目	符号	有无基准要求	公差类型	特征项目	符号	有无基准要求
形状公差	直线度	—	无	方向公差	平行度	//	有
	平面度	▱	无		垂直度	⊥	有
	圆度	○	无		倾斜度	∠	有
	圆柱度	⌀	无		线轮廓度	⌒	有
	线轮廓度	⌒	无		面轮廓度	⌓	有
	面轮廓度	⌓	无	位置公差	位置度	⊕	有或无
跳动公差	圆跳动	↗	有		同心度（对中心点）	◎	有
					同轴度（对轴线）	◎	有
					对称度	⚌	有
	全跳动	↗↗	有		线轮廓度	⌒	有
					面轮廓度	⌓	有

2. 几何公差的标注

几何公差用长方形框格和指引线表示，框格用细实线绘制，可分两格或多格，一般水平放置或垂直放置，第一格填写几何公差特征符号，其长度应等于框格的高度；第二格填写公差数值及有关公差带符号，其长度应与标注内容的长度相适应；第三格及其以后的框格，填写基准代号及其他符号，其长度应与有关字母的宽度相适应。图 8-29 表示几何公差框格、基准代号的内容，其中 h 为字高。

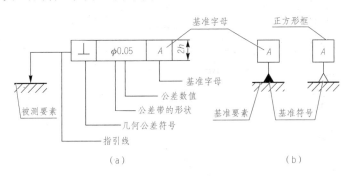

图 8-29　几何公差框格与基准代号

（a）几何公差代号；（b）基准代号

用带箭头的指引线将框格与被测要素相连，按下列方式标注：

（1）当被测要素是零件上的线或面时，指引线的箭头应垂直指向被测要素的轮廓线或其延长线上，但必须与相应尺寸线明显地错开，如图 8-30 所示。

161

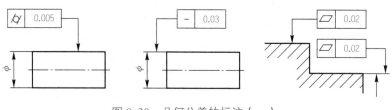

图 8-30 几何公差的标注（一）

（2）当被测要素是轴线或中心平面时，指引线的箭头应与该段轴的直径尺寸线对齐，如图 8-31（a）所示。

（3）基准代号由三角形、方框、连线和字母组成。当基准要素是轴线或中心平面时，基准符号应与该要素的尺寸线对齐，如图 8-31（a）所示；当基准要素是轮廓线或表面时，基准符号应画在轮廓线外侧或其延长线上，如图 8-31（b）所示，并与尺寸线明显地错开。

代表基准符号的三角形可以用连线与几何公差框格的另一端相连，如图 8-31（c）所示。图 8-32 所示是气门阀杆的几何公差标注示例。

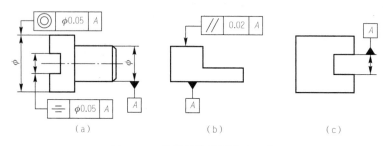

图 8-31 几何公差的标注（二）

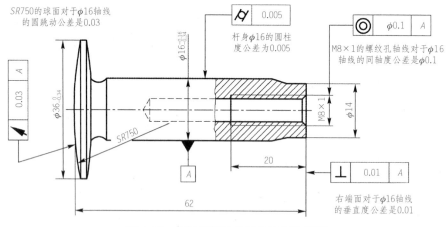

图 8-32 气门阀杆的几何公差标注示例

✔【任务实施】

根据任务要求，尺寸 $\phi55$ 的公差代号为 k7，标注在尺寸线上为 $\phi55k7$；尺寸 $\phi60$ 的公差代号为 m6，标注在尺寸线上为 $\phi60m6$；两个键槽宽度的尺寸公差标注在图上分别是 16N9 和 18N9，在尺寸线上标注带偏差数值的尺寸 $165_{-0.063}^{0}$。最后一项任务中的基准要素

为中部 $\phi60$ 的轴线，因此，基准三角形应放置在该尺寸的延长线上；被测要素为右端 $\phi60$ 圆柱轴线，因此，公差框格的指引线应与右端 $\phi60m6$ 的尺寸线对齐，标注结果如图 8-33 所示。

JX 型飞机液压油泵传动轴完整零件图如图 8-1 所示。

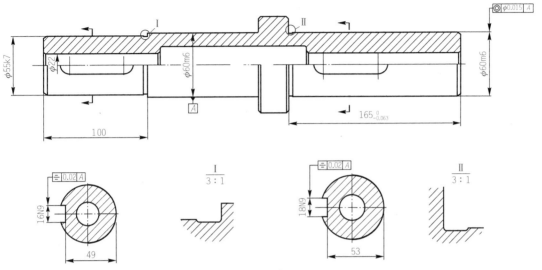

图 8-33　JX 型飞机液压油泵传动轴的尺寸公差与几何公差标注结果

任务四　绘制轴承座的零件图

【任务描述】

根据图 8-34 所示轴承座及给定的要求，绘制轴承座零件图。

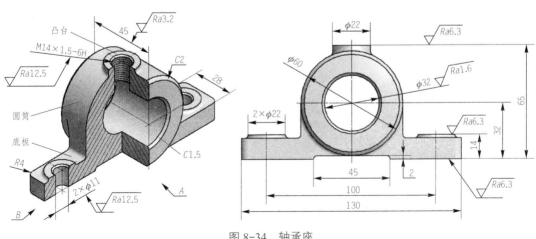

图 8-34　轴承座

（1）尺寸 $\phi32$ 基本偏差为 H，公差等级为 7 级，标注出其公差代号及上、下极限偏差值。

（2）尺寸 $\phi32$ 的轴线相对轴承座 $\phi60$ 圆柱端面的垂直度公差为 $\phi0.05$。

（3）未注铸造圆角为 $R2 \sim R3$；未注倒角 $C1$；去锐边、毛刺。

（4）其余表面的表面结构要求为使用不去除材料的方法获得。

【任务分析】

　　轴承座属于叉架类零件，这类零件一般由支承、安装和连接 3 部分组成。支承部分一般为圆筒或带圆弧的叉，用于支撑或夹持零件；安装部分为方形或圆形底板；连接部分为各种形状的肋板。因叉架类零件一般都是锻件或铸件，形状较为复杂且不太规则，往往要在多种机床上加工，各工序的加工位置不尽相同。因此，在选择主视图时，主要按形状特征和工作位置确定，且其结构一般都需要两个以上视图才能表达清楚。

【相关知识】

■ 一、零件图的视图选择

　　零件图的视图选择，要综合运用前面所学的机件表达知识。首先要了解零件的用途及主要加工方法，才能合理地选择视图。对于较复杂的零件，可拟定几种不同的表达方案进行对比，最后确定合理的表达方案。

　　1．选择主视图

　　主视图是一组图形的核心，主视图在表达零件结构形状、画图和看图中起主导作用，因此应把选择主视图放在首位，选择时应考虑以下几个方面：

　　（1）加工位置原则。为便于工人生产，主视图所表示的零件位置应和零件在主要工序中的装夹位置保持一致。

　　（2）工作位置原则。主视图的表达应尽量与零件的工作位置一致。

　　（3）形状特征原则。应能清楚地反映零件的结构形状特征。

　　一个零件的主视图并不一定完全符合以上原则，而要根据零件的结构特征，各有侧重。图 8-1 所示的 JX 型飞机液压油泵传动轴是按加工位置进行安放，用投射方向垂直轴线来反映形状特征。

　　2．选择其他视图

　　对于结构形状较复杂的零件，主视图还不能完全地反映其结构形状，必须选择其他视图，包括剖视图、断面图、局部放大图和简化画法等各种表达方法。选择其他视图的原则：在完整、清晰地表达零件内、外结构形状的前提下，尽量减少视图数量，以方便画图和看图。图 8-1 所示的 JX 型飞机液压油泵传动轴，除半剖和主视图外，还采用了移出断面图和局部放大图等来表达键槽与砂轮越程槽等局部结构。

二、合理标注零件图的尺寸

零件图的尺寸是加工和检验零件的重要依据。标注零件图的尺寸，除满足正确、完整、清晰的要求外，还必须使标注的尺寸合理，符合设计、加工、检验和装配的要求。为了达到这些要求，除严格遵守尺寸标注的国家标准规定，保证定形、定位和总体尺寸完整，不多注、漏注尺寸，尺寸配置清晰、醒目易查找外，还应合理地选择尺寸基准，使尺寸标注便于加工和测量。

1. 零件图的尺寸基准

基准是指零件在机器中或在加工、测量时，用以确定其位置的一些面、线或点。

尺寸基准是确定零件上尺寸位置的几何元素，是测量或标注尺寸的起点。通常将零件上的一些面（主要加工面、两零件的结合面、对称面）和线（轴、孔的轴线，对称中心线等）作为尺寸基准。根据基准的作用不同，尺寸基准分为设计基准和工艺基准两种。

（1）设计基准是根据零件的结构和设计要求而确定的基准。一般是机器或部件用以确定零件位置的面和线。

（2）工艺基准为便于加工和测量而确定的基准。一般是加工过程中用以确定零件加工或测量位置的一些面和线。

选择基准时，尽量使设计基准和工艺基准重合，当两者不能统一时，应选择设计基准为主要基准，工艺基准为辅助基准。一般零件的长、宽、高 3 个方向上都各有一个主要基准，还可有多个辅助基准，主要基准和辅助基准之间必须有尺寸联系。基准选定后，主要功能尺寸应从主要基准出发直接标注，如图 8-35 所示。

2. 合理标注零件图的尺寸

（1）重要尺寸必须从基准出发直接标注。加工好的零件尺寸存在误差，为了减少其他尺寸对零件重要尺寸的影响，应在零件图中把重要尺寸从基准出发直接注出，如图 8-34 中轴承座轴线的高度尺寸为 32，底板两安装孔的定位尺寸为 100。

（2）不允许注成封闭的尺寸链。如图 8-36（a）所示，尺寸是同一方向串联并头尾相接组成封闭的图形，这样的一组尺寸称为封闭尺寸链。封闭尺寸链在加工时往往难以保证设计要求，因此，实际标注尺寸时，一般在尺寸链中选一个不重要的环不注尺寸，称它为开口环，如图 8-36（b）所示。开口环的尺寸误差是其他各环尺寸误差之和，对设计要求没有影响。有时将开口环的尺寸用圆括号括起来，作为参考尺寸。

（3）按加工顺序标注尺寸，符合加工过程，便于加工和测量，如图 8-37（a）所示。

（4）标注尺寸要考虑测量方便，并尽量使用通用量具，如图 8-37（c）所示。

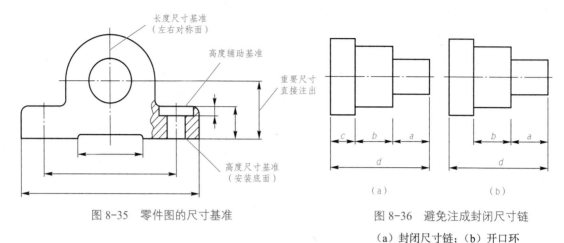

图 8-35　零件图的尺寸基准

图 8-36　避免注成封闭尺寸链
（a）封闭尺寸链；（b）开口环

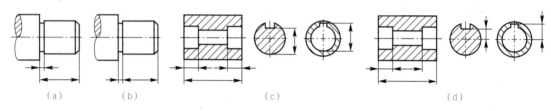

图 8-37　标注尺寸应便于测量和加工
（a）便于加工；（b）不便加工；（c）便于测量；（d）不便测量

▇ 三、零件上常见孔结构的尺寸标注

《技术制图 简化表示法 第 2 部分：尺寸注法》（GB/T 16675.2—2012）要求标注尺寸时，应尽可能使用符号和缩写词。常见孔（光孔、螺孔、沉孔）结构的简化画法和尺寸标注，见表 8-4。

表 8-4　常见孔结构的简化画法和尺寸标注

结构 类型	标注方法		
	简化注法		一般注法
光孔	$4×\phi5\downarrow10$	$4×\phi5\downarrow10$	$4×\phi5$ 10

166

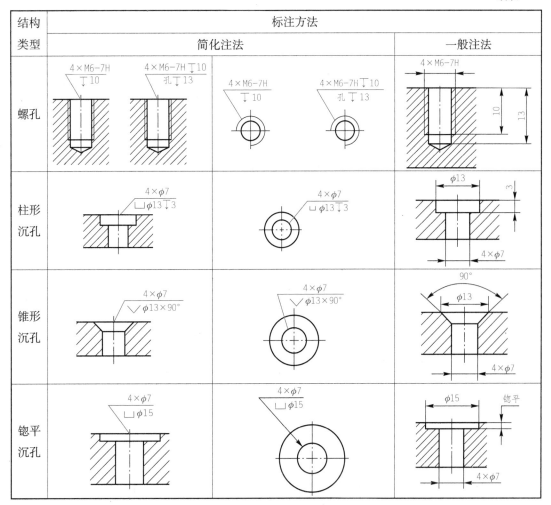

结构类型	标注方法		
	简化注法		一般注法
螺孔			
柱形沉孔			
锥形沉孔			
锪平沉孔			

■ 四、铸造零件的工艺结构

在铸造零件时，一般先用木材或其他易于加工制作的材料制成模型，将模样放置于型砂中，当型砂压紧后，取出模型，再在型腔内浇入金属液体，待冷却后取出铸件毛坯。对零件上有配合关系的接触表面，还应切削加工，才能使零件达到最后的技术要求。

1. 起模斜度

在铸件造型时，为了便于拔出模型，在模型的内、外壁沿拔模方向做成 $1:10 \sim 1:20$ 的斜度，称为起模斜度。在画零件图时，起模斜度可不画出、不标注，必要时在技术要求中用文字加以说明，如图8-38（a）所示。

2. 铸造圆角

为了便于铸件造型时拔模，防止砂型尖角处落砂和浇铸时熔液冲坏砂型，避免铸件冷却收缩时在尖角处开裂或产生缩孔，在铸件的表面相交处做成圆角，这种圆角称为铸造圆角，如图8-38（b）、（c）所示。铸造圆角在图中一般应该画出，圆角半径一般取壁厚的20%～40%，同一铸件圆角半径大小应尽量相同或接近。铸造圆角可以不标注尺寸，而在技术要求中加以说明。如图8-39所示是由于铸造圆角设计不当造成的开裂和缩孔情况。

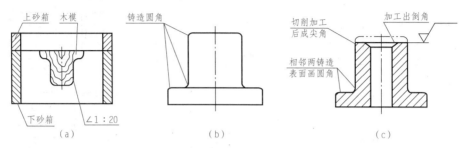

图8-38　铸造起模斜度和铸造圆角

（a）起模斜度；（b）、（c）铸造圆角

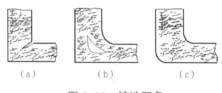

图8-39　铸造圆角

（a）裂纹；（b）缩孔；（c）正常

3．铸造壁厚

铸件的壁厚要尽量做到基本均匀，避免突然改变壁厚和局部肥大现象。如果壁厚不均匀，就会使熔液冷却速度不同，导致铸件内部产生缩孔和裂纹，在壁厚不同的地方可逐渐过渡，如图8-40所示。

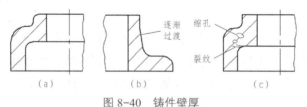

图8-40　铸件壁厚

（a）壁厚均匀；（b）逐渐过渡；（c）产生缩孔和裂纹

4．过渡线的画法

由于铸件上圆角、起模斜度的存在，因此铸件上的形体表面交线不十分明显，这种线称为过渡线。过渡线的画法与形体表面交线的画法一样，按没有圆角的情况求出交线的投影，画到理论上的交点为止。注意过渡线应用细实线绘制，且不宜与轮廓线相连。常见过渡线的画法如图 8-41 所示。

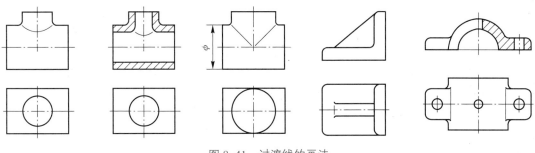

图 8-41　过渡线的画法

【任务实施】

1．选择主视图，绘制视图

图 8-34 所示的轴承座，应按工作位置进行安放，其主视图的投射方向有 A、B 两个方向可供选择。沿 A 向投射能较好地反映轴承座的形状特征，且圆筒和底板连接情况明显；若选 B 向作为主视图的投射方向，只能表达轴承座侧面的形状，圆筒和底板的位置及整体形状特征反映都不如 A 向清晰。所以，经过比较，确定 A 向为主视图投射方向。

在轴承座主视图确定后，还需再增加半剖左视图来表达螺孔与圆筒内部的结构形状和贯穿情况；增加俯视图来表达底板和凸台的形状特征，确定安装孔的位置，表达方案如图 8-42 所示。

2．标注尺寸

在主视图上选轴承座的左右对称面为长度方向尺寸基准，选底板的下底面为高度方向尺寸基准；在俯视图（或左视图）上选前后对称面为宽度方向尺寸基准。先标圆筒 $\phi60$ 和 45、底板 130 和 28，接着标定位尺寸 32、100；再查表确定 $\phi32H7$ 的偏差，标注：$\phi32H7$ $\binom{+0.205}{0}$；最后根据轴承座立体图按形体分析、结构分析逐一补全标注出各定形尺寸；未注铸造圆角 $R2 \sim R3$、未注倒角 $C1$ 等在技术要求中注写。

3．标注技术要求

轴承座的表面结构要求标注结果如图 8-42 所示。

尺寸 $\phi32$ 的轴线相对轴承座 $\phi60$ 圆柱端面的垂直度公差框格指引线应与 $\phi32$ 的尺寸线对齐，基准三角形放置在 $\phi60$ 圆柱的前端面轮廓线上（与尺寸线明显错开）。

4．填写标题栏

在标题栏中填写名称"轴承座"、比例"1：2"、材料"HT150"等。完成轴承座零件图绘制，如图 8-42 所示。常用材料的牌号、应用和热处理方法详见附录 D 中的表 D-1、表 D-2。

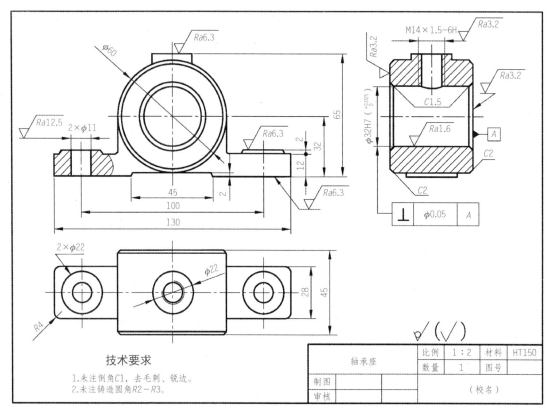

图 8-42　轴承座零件图

任务五　识读锥形塞零件图

读零件图就是根据零件图的各视图，分析和想象该零件的结构形状，理解每个尺寸的作用和要求，了解各项技术要求的内容和实现它应采取的工艺措施等，以便加工出符合图样要求的合格零件。读零件图时，注意联系零件在机器或部件中的位置、作用及其与其他零件的连接关系。

零件的结构形状多种多样，一般可分为回转体和非回转体两类。回转体类零件的结构特点是各组成部分多为同轴线的回转体，包括轴套类和盘盖类零件；非回转体类零件的形状一般都比较复杂，加工位置多变，包括叉架类和箱体类零件。

【任务描述】

识读如图 8-43 所示锥形塞的零件图。

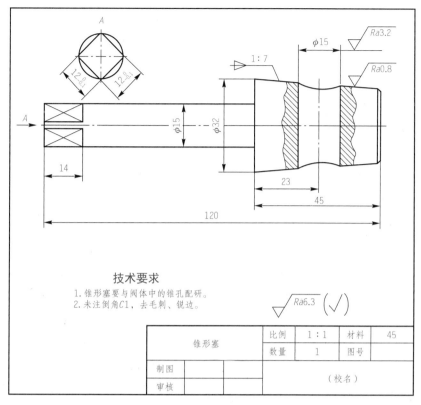

图 8-43　锥形塞的零件图

◎【任务分析】

由图 8-43 可知，锥形塞属于轴套类零件，这类零件一般由同轴线不等直径的多段回转体组成，其轴向尺寸比径向尺寸大得多，且零件上常有键槽、螺纹、销孔、退刀槽、越程槽、倒角、圆角、锥度等结构。

轴套类零件一般由一个基本视图和断面图、局部放大图等组合表达其结构。

【相关知识】

读图主要按以下步骤完成。

1. 看标题栏

通过看标题栏可以概括了解到零件的名称、材料、数量、比例等内容。

2. 分析视图，想象出零件的结构现状

视图分析时，可按下列顺序进行：

（1）先找出主视图，再看有多少个图形和表达方法，以及各视图间的关系，弄清楚表达方案。

（2）用形体分析和线面分析法，想象出零件的结构现状。看图一般按先主后次，先整体后细节，先易后难的顺序进行。

3. 分析尺寸

分析零件的尺寸要先找出长、宽、高3个方向的尺寸基准，然后按形体分析法找到定形、定位尺寸，进一步了解零件的形状特征，了解高精度尺寸的要求和作用。

4. 分析技术要求

分析技术要求时，不仅要对各项目进行单独分析，还要分析它们之间的联系。应了解零件制造、加工时的一些特殊要求。

【任务实施】

（1）看标题栏。从图8-43可知，零件的名称是锥形塞，材料是45，比例为1:1，它通过锥面配合安装在阀体的锥孔中，来实现旋塞的开关和流量控制，该零件属于轴套类零件。

（2）分析视图，想象出零件的结构现状。锥形塞的零件图采用了一个主视图和一个断面图。主视图按加工位置水平横放，且按不剖绘制，其中局部剖视图清楚表达了孔 $\phi15$ 的结构；断面图表达左端方头的结构形状。最后综合想象出锥形塞的整体形状。

（3）分析尺寸。根据设计要求，锥形塞的轴线为径向尺寸的主要基准，锥面大端面为长度方向的主要尺寸基准，锥面小端面为长度方向的辅助工艺基准。从基准出发标注的定位尺寸为23，其他均为定形尺寸。

（4）分析技术要求。从图8-43可知，锥形塞表面有三种表面粗糙度要求，分别为 $Ra0.8$ μm、$Ra3.2$ μm 和 $Ra6.3$ μm，其中要求最高的是锥度要求为 1:7 的锥面，且要求与阀体进行研磨，是锥形塞零件上表面质量要求最高的部分，这是因为锥面部分与图8-45所示的阀体配合，既有相对的转动，又要有一定的密封性，控制泄漏。

再了解尺寸公差及精度，锥形塞只有一处注有极限偏差数值为 $12_{-0.3}^{0}$ 的尺寸有精度要求，是为了保证与扳手的配合质量。其余为未注公差，精度要求不高，整个锥形塞没有几何公差要求。锥形塞上未注倒角为 $C1$。

请读者参照任务五的读图方法，自行识读图8-44所示的轴零件图及图8-45所示的活门座衬套零件图。

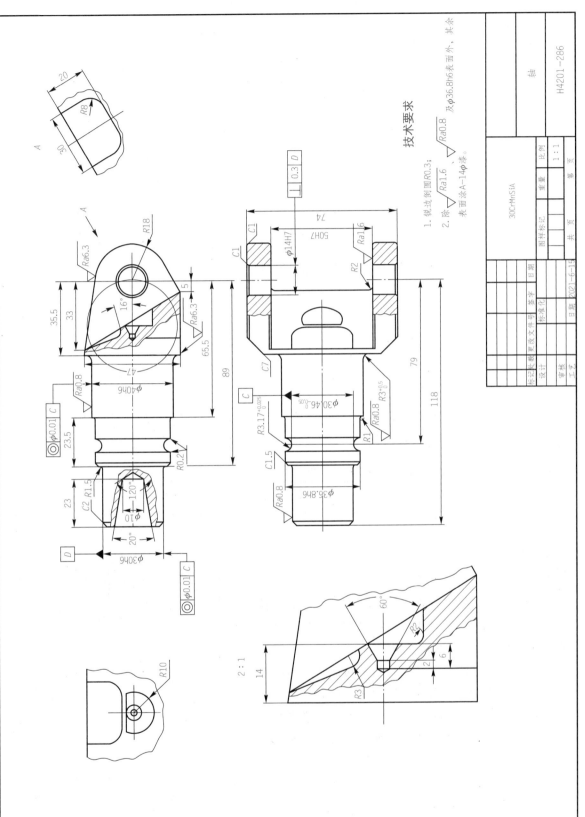

图 8-44 轴零件图

173

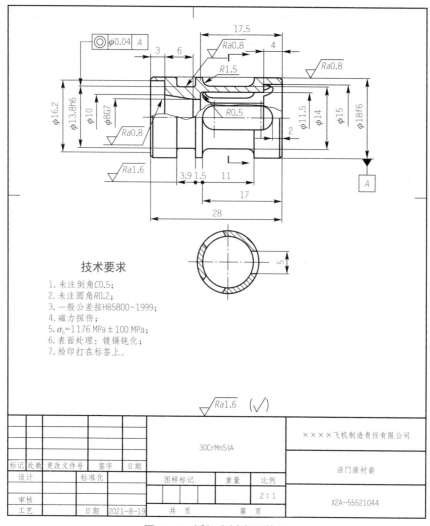

技术要求

1. 未注倒角C0.5；
2. 未注圆角R0.2；
3. 一般公差按HB5800-1999；
4. 磁力探伤；
5. σ_b=1176 MPa±100 MPa；
6. 表面处理：镀镉钝化；
7. 检印打在标签上。

$\sqrt{Ra1.6}$ ($\sqrt{}$)

				30CrMnSiA		××××飞机制造责任有限公司
标记	处数	更改文件号	签字	日期		
设计		标准化		图样标记	重量	比例
						2:1
审核						X2A-55521044
工艺		日期	2021-8-19	共 页	第 页	

图 8-45　活门座衬套零件图

📄 **【知识拓展】盘盖类零件**

　　盘盖类零件包括各种手轮、带轮、法兰盘、轴承盖等。轮一般与轴配合用来传递动力和扭矩；盘主要起支撑、轴向定位及密封等作用。

　　盘盖类零件的主体结构一般是同轴回转体，并且轴向尺寸远小于径向尺寸，呈盘状，还有轴孔、均匀分布的肋和螺栓孔等辅助结构，该类零件主要在车床上加工，所以应按形状特征和加工位置选择主视图，轴线水平横放。对有些不以车床加工为主的零件可按形状特征和工作位置确定。

　　请读者参照任务五的读图方法，自行识读图 8-46 所示的压盖和图 8-47 所示的动作筒上盖零件图。

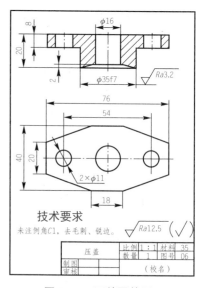

技术要求

未注例角C1，去毛刺、锐边。　$\sqrt{Ra12.5}$ ($\sqrt{}$)

压盖		比例	1:1	材料	35
		数量	1	图号	06
制图					
审核			（校名）		

图 8-46　压盖零件图

174

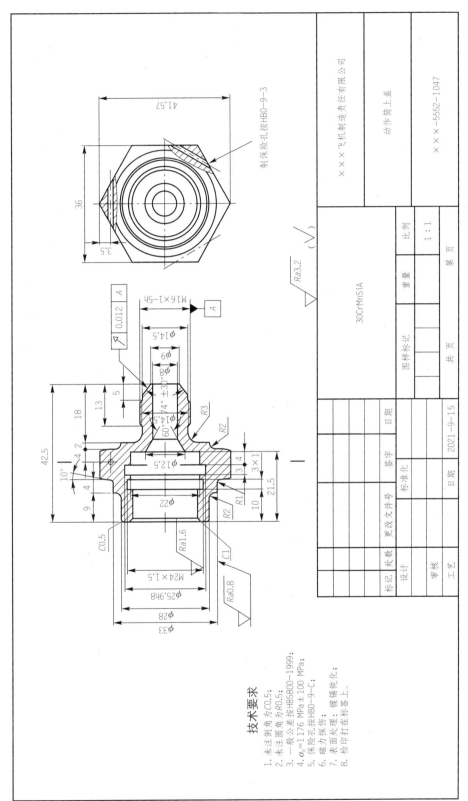

技术要求
1. 未注倒角为C0.5;
2. 未注圆角为R0.5;
3. 一般公差按HB5800—1999;
4. $\sigma_b = 1176$ MPa±100 MPa;
5. 磁力探伤;
6. 保险孔按HB0-9-C;
7. 表面处理：镀镉钝化;
8. 检印打在标签上。

图 8-47 动作筒上盖零件图

175

任务六　识读阀体零件图

【任务描述】

识读如图 8-48 所示阀体的零件图。

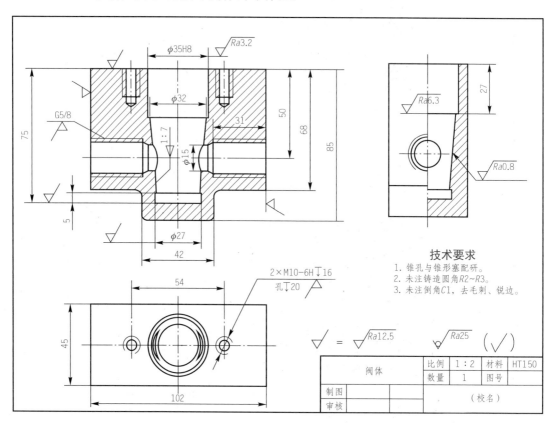

图 8-48　阀体的零件图

【任务分析】

阀体属于箱体类零件。这类零件包括各种阀体、泵体和箱体等，是机器或部件的主体零件之一，主要起容纳、支撑、密封或定位其他零件的作用。

箱体类零件属于非回转体类零件，结构较复杂，一般多为铸造件。此类零件箱壁上有各种位置的孔，并多有带安装孔的底板，上面带有凹坑（或凸台）、螺孔等结构。

箱体类零件需多道工序制造而成，各工序的加工位置不尽相同，因此，主视图主要按形状特征和工作位置确定。表达时一般需要3个或3个以上的基本视图。

1．看标题栏

由图 8-48 可知，零件的名称是阀体，材料是 HT150，比例为 1∶2。阀体是旋塞中的一个重要零件，它属于箱体类零件，在旋塞中起包容和支撑作用，详见装配图中介绍。

2．分析视图，想象出零件的结构现状

阀体的零件图采用了 3 个基本视图，全剖的主视图和半剖的左视图主要反映阀体的内部结构形状，左、右非螺纹密封管螺纹孔分别为进、出油（气）孔，竖直方向的锥孔为与锥形塞配合的孔，利用锥形塞上的 $\phi15$ 单向孔是否与左、右管螺纹孔相通，达到控制液体（气体）开或关的目的。俯视图反映阀体外形结构和连接螺孔位置。此外，阀体上还有倒角、铸造圆角等工艺结构。通过形体分析想象出阀体的结构形状如图 8-49 所示。

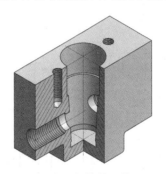

图 8-49　阀体的立体图

3．尺寸分析

阀体的左右、前后均对称，所以其长度和宽度基准分别为左右与前后对称中心线，而高度基准为上顶面。

从这 3 个基准出发，以结构形状为线索，找出 50、54 为主要定位尺寸，其余尺寸主要为定形尺寸。

两个 M10 的粗牙普通螺孔，螺孔深为 16，钻孔深为 20。G5/8 为非螺纹密封的管螺纹。

4．看技术要求

从图 8-48 可知，阀体表面有 5 种表面粗糙度要求，其中加工面分别为 $Ra0.8\ \mu m$、$Ra3.2\ \mu m$、$Ra\ 6.3\mu m$ 和 $Ra12.5\ \mu m$，要求最高是锥度为 1∶7 的锥孔面，且要求与锥形塞进行研磨，是阀体零件上表面质量要求最高的部分。

阀体有两处注有公差带代号，$\phi35H7$ 是与压盖 $\phi35f6$ 相配合的基准孔，采用的是基孔制的间隙配合；两个 M10 的螺孔，其中径、顶径公差带代号相同，均为 6H，是为了保证配合质量。其余为未注公差，精度要求不高，整个阀体没有几何公差要求。阀体上未注倒角为 C1，未注铸造圆角为 R2～R3。

请读者参照任务六的任务实施步骤，自行识读图 8-50 所示的外体零件图。

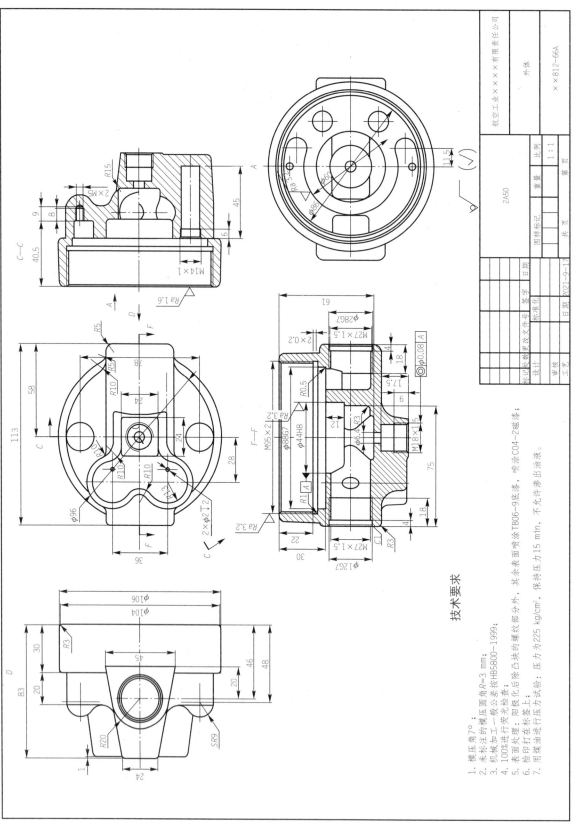

技术要求

1. 模压角7°；
2. 未标注的模压圆角R=3 mm；
3. 机械加工一般公差按HB5800—1999；
4. 100%进行荧光检查；
5. 表面处理：阳极化后除凸块的螺纹部分外，其余表面喷涂TB06—9底漆，喷涂C04—2磁漆；
6. 检印打在凸块上；
7. 用煤油进行压力试验：压力为225 kg/cm²，保持压力15 min，不允许渗出油液。

图8-50 外体零件图

叉架类零件包括各种用途的拨叉、支架、连杆和支座等。拨叉主要用在机床、内燃机等各种机器的操纵机构上，以操纵机器、调节速度；支架主要起支撑和连接作用。

叉架类零件在选择主视图时，主要按形状特征和工作位置（或自然位置）确定，一般都需要两个以上的视图，且视图内一般用局部剖表示内部结构。由于叉架类零件的某些结构形状不平行于基本投影面，需要采用斜视图、斜剖视图等表达歪斜部分形状，用断面图表达连接部分的肋或臂；对于较小结构，还需采用局部放大图。

请读者参照任务六的任务实施步骤，自行识读叉架类零件图 8-51 所示的扳手和图 8-52 的支架零件图。

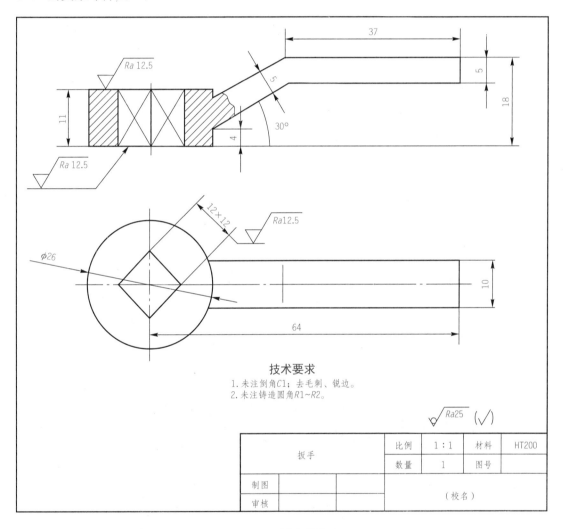

图 8-51　扳手零件图

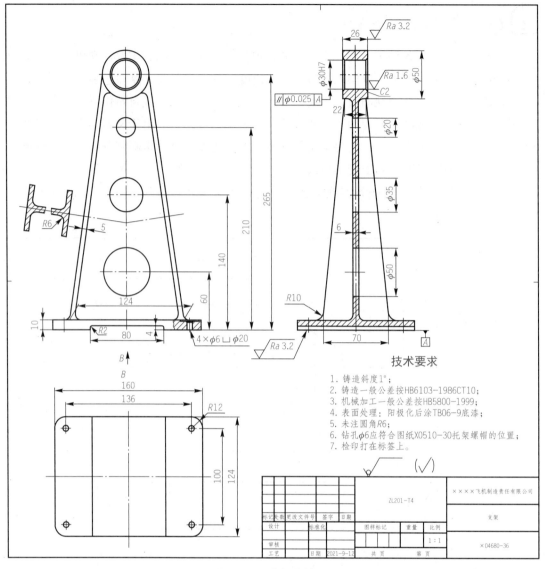

图 8-52　支架零件图

任务七　测绘阀盖零件图

📋【任务描述】

根据阀盖零件或参照如图 8-53 所示阀盖的
立体图，完成阀盖零件的测绘。

图 8-53　阀盖的立体图

◎【任务分析】

零件测绘就是根据实际零件画出它的图形，测量出它的尺寸，制定出相关技术要求，完成它的零件工作图，为设计机器、修配零件和准备配件创造条件。

测绘出的零件草图内容要完整，它包括正确的视图表达和尺寸标注，并按零件的用途和功能，标注出有关的技术要求，填写材料，且标准结构要查阅标准手册，使其符合国家标准和机械制造的工艺要求。零件测绘很多情况是在车间或生产现场进行，一般先徒手绘制草图，再根据草图绘制零件工作图。

【相关知识】

1. 零件草图的绘制要求

（1）内容完整。零件草图必须要有零件工作图的全部内容，它包括一组视图、完整的尺寸、技术要求和标题栏。

（2）目测比例。零件草图是徒手画的，不使用绘图工具。零件的形状大小是通过目测大致比例来确定的，一般采用铅笔画出。目测的线段长短不要求精确，但线段之间的大致比例要适当，零件草图必要时可以画在方格纸上。

（3）绘图方法。先要把所有的视图画好，分析哪些部位需要标注尺寸，并在标注尺寸的地方，将所有的尺寸界线、尺寸线和箭头画出。将上述工作完成以后，根据草图上标出的尺寸部位，再集中测量标注尺寸，最后填写技术要求。注意不要边画图、边测量、边标注。

2. 画零件草图的准备工作

在画零件草图之前，应对零件进行详细分析：

（1）了解零件的名称和用途，确定零件由什么材料制成。

（2）对零件进行结构分析。零件上的每个结构都有一定的功用，必须弄清楚结构的功用特性。这项工作对磨损、破旧和带有某些缺陷的零件的测绘尤为重要。在分析结构功用的基础上，将它改正过来，才能完整、清晰、简便地表达该结构形状，并合理地标注尺寸。

（3）对零件进行工艺分析。因为同一零件可以按不同的加工顺序制造，故其结构形状的表达、基准的选择和尺寸的标注也不一样。

（4）拟订零件的表达方案。通过以上分析，根据零件的结构形状特征、工作位置或加工位置选择主视图；再补充选择其他视图、剖视图、断面图等，完整清晰地表达零件的结构形状。

 【任务实施】

测绘阀盖零件的步骤如下。

1. 徒手绘制阀盖的零件草图

（1）布局视图。画出各视图的基准线、中心线。注意布局匀称，要考虑到各视图间应留有标注尺寸的地方，留出右下角标题栏的位置。

（2）详细画出零件的外部和内部结构形状。

（3）选择基准和画尺寸界线、尺寸线和箭头。检查、校核后描深轮廓线，画出剖面符号，如图8-54（a）所示。

（4）测量并标注尺寸。标注出表面粗糙度要求，定出尺寸公差、几何公差，写出热处理等技术要求。注意零件上全部尺寸集中一起测量，使有联系的尺寸能够联系起来，以提高工作效率，还可以避免错误和遗漏尺寸，如图8-54（b）所示。

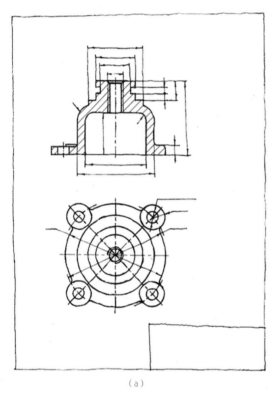
（a）

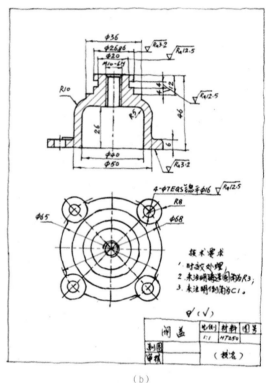
（b）

图 8-54　阀盖的零件草图

2．绘制阀盖的零件工作图

由于零件草图是在生产现场测绘的，测绘的时间不允许太长，一定存在不完善的地方，因此，在绘制零件工作图前，需要对零件草图再进行校核、复查、补充和修改。具体作图方法步骤如下：

（1）选择比例，确定图幅。根据零件的复杂程度选择比例，尽量采用1∶1。考虑标注尺寸和技术要求的位置，选择标准图幅。

（2）画出图框和标题栏。画出各视图的中心线、轴线、基准线，把各视图的位置确定下来，各图之间要注意留有标注尺寸的余地。

（3）由主视图开始，画各视图的轮廓线，画图时要注意各视图间的投影关系。描粗并画剖面线，画出全部尺寸线。

（4）注出公差配合及表面粗糙度符号，注写尺寸数字，填写技术要求和标题栏。若是采用计算机绘图，则可根据草图按计算机绘图的步骤来进行，完成的阀盖零件图如图 8-55 所示。

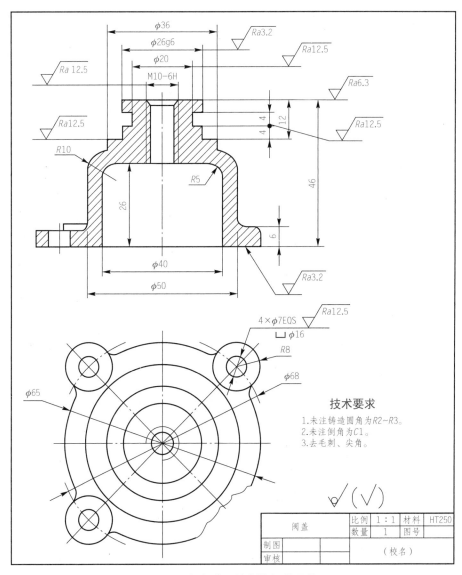

图 8-55　根据草图绘制的阀盖零件图

【知识拓展】测量方法简介

随着科学技术的发展，零件测绘的手段和测绘仪器变得更加先进，利用先进的仪器，可将整个零件扫描，经计算机处理后，可以直接得到零件的三维实体图形和视图。但这需要先进的设备及一定的经济成本作为支撑。因此，在实际工程中对于简单的或少批量的零件仍采用传统的手动测绘。常用的零件测绘工具有钢尺、游标卡尺、内外卡钳、螺纹规等。手动测绘的测量方法见表 8-5。

183

表 8-5　尺寸测量示例表

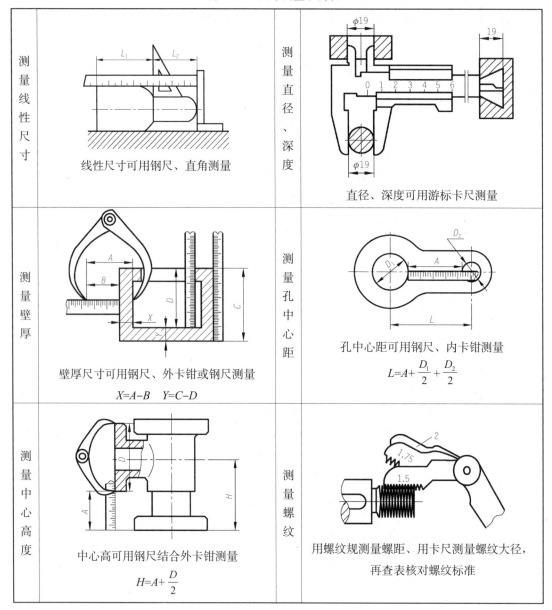

测量线性尺寸	线性尺寸可用钢尺、直角测量	测量直径、深度	直径、深度可用游标卡尺测量
测量壁厚	壁厚尺寸可用钢尺、外卡钳或钢尺测量 $X=A-B$　$Y=C-D$	测量孔中心距	孔中心距可用钢尺、内卡钳测量 $L=A+\dfrac{D_1}{2}+\dfrac{D_2}{2}$
测量中心高度	中心高可用钢尺结合外卡钳测量 $H=A+\dfrac{D}{2}$	测量螺纹	用螺纹规测量螺距、用卡尺测量螺纹大径，再查表核对螺纹标准

在零件测绘时应注意以下几点：

（1）尺寸数值要圆整。零件上一般的尺寸都是以 mm 为单位取整数，对于实际测得的小数部分的数值，可以四舍五入法取整数。但有些特殊尺寸或重要尺寸，不能随意取整，如中心距或齿轮轮齿尺寸等。

（2）相互配合的孔和轴的公称尺寸应一致。对有配合关系的尺寸，可测量出基本尺寸，其上、下极限偏差值应经分析后选用合理的配合关系查标准得出。测量已磨损部位的尺寸时，应考虑零件的磨损值。

（3）对螺纹、键槽、沉头孔、螺孔深度、齿轮等已标准化的结构，在测得主要尺寸后，应查标准采用标准结构的尺寸。

184

 【知识拓展】

飞机结构图纸上常用一些简单的符号或者规定画法来分别表达某种特殊含义,以使图纸简洁易读。飞机结构常用的符号、含义及其应用见表8-6。

表8-6　飞机结构图纸常用的符号、含义及其应用

名称	符号	说明及应用	示例
中心线	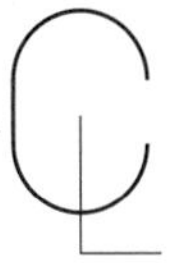	用于表达物体的中心轴线或者对称中心平面	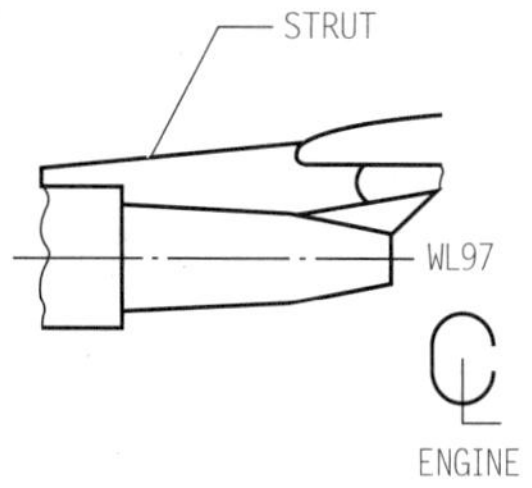
旗标	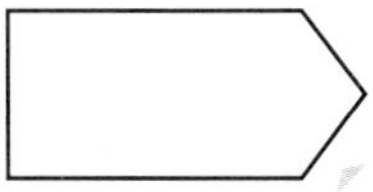	在旗标符号内标注数字、字母或者符号用于表达旗标箭头所指处的标记,其详细说明在零件清单中描述。 注:字母或符号仅在特殊场合应用	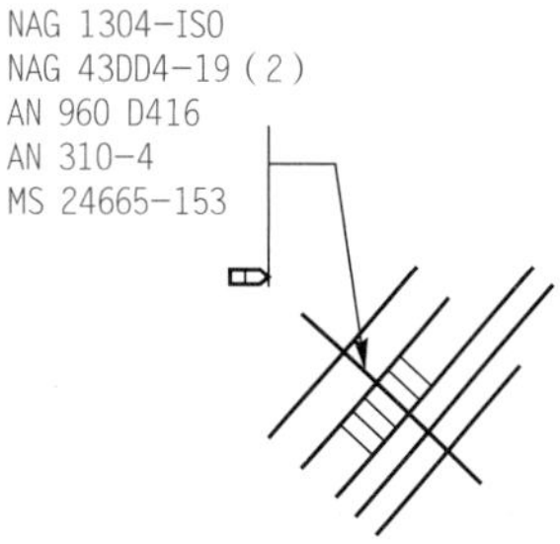 NAG 1304-ISO NAG 43DD4-19(2) AN 960 D416 AN 310-4 MS 24665-153
方向指示	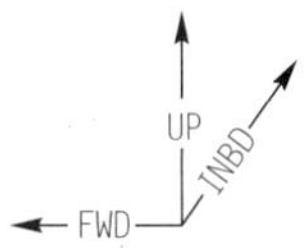	表明视图或者某零构件相对于飞机坐标的方位	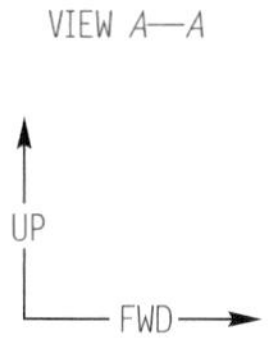
紧固件位置	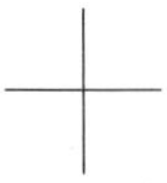		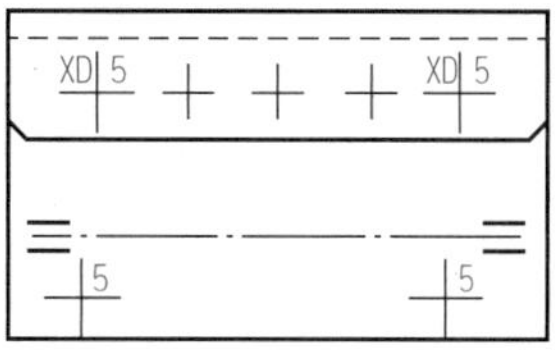
直径5/32紧固件位置	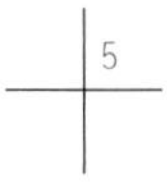	表示紧固件孔位置、紧固件类型和紧固件直径等	
铆钉符号	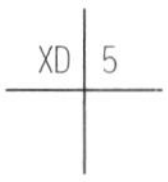		

名称	符号	说明及应用	示例
坐标孔		坐标孔用于安装零件、组件或者装配	
配合坐标基准面	⑤	用于协调重要零部件以及加工的参考基准面	
工艺孔		定位孔,在制造零部件的加工过程中保持零部件定位	
站位	STA 360	用于表示机身站位(STA)、水线站位(WL)、纵剖线站位(BL)	
限制松动		限制松动,参见组件明细清单对松动的要求	
金属棒料折断		用于表达实心棒料假想折断	
金属管料折断		用于表达空心管料假想折断	

任务八　识读可调支承的装配图

机器或部件由若干个零件按一定的装配关系和技术要求组装而成，表达机器或部件的图样称为装配图。表示一台完整机器的装配图，称为总装图；表示机器中某个部件或组件的装配图，称为部件装配图。

在产品的设计、装配、使用及技术交流的过程中，都需要识读装配图；在制造和维修机器时，也要通过装配图来了解机器的工作原理和构造。因此，工程技术人员必须具备识读装配图的能力。通过识读装配图，了解机器或部件的性能、作用和工作原理；了解零件之间的装配关系、拆装顺序及各零件的主要结构与作用；了解主要尺寸、技术要求和操作方法等。

【任务描述】

结合图 8-56 所示可调支承的立体图，识读如图 8-57 所示可调支承的装配图，掌握装配图的组成内容，了解装配图的画法及其技术要求等规定，掌握装配图的读图方法。

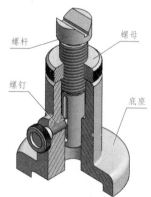

图 8-56　可调支承的立体图

【任务分析】

在设计新产品或改进原有产品时，一般都要画出它的装配图，然后根据装配图画出零件图，零件制成后，再按装配图装配成机器或部件。因此，装配图是表达设计意图，表达部件或机器的工作原理、零件间的装配关系，以及检验、安装和维修时的重要技术文件。

可调支承是用于调整物体的支承高度的一个部件，由 4 种零件组成。

【相关知识】

1. 装配图的内容与作用

从图 8-57 中可以看出，一张完整的装配图，包括以下 4 个方面的内容：

（1）一组视图。用一组视图完整、清晰、简便地表达机器或部件的工作原理、运动情况、各零件之间的装配关系和连接方式，以及主要零件的主要结构形状。

（2）必要的尺寸。只标注表示机器或部件的规格、性能、装配、安装、外形和一些重要的尺寸。

（3）技术要求。用符号或文字说明装配、检验时必须满足的条件。

（4）零件序号、明细栏和标题栏。说明零件的序号、名称、数量和材料等有关事项。

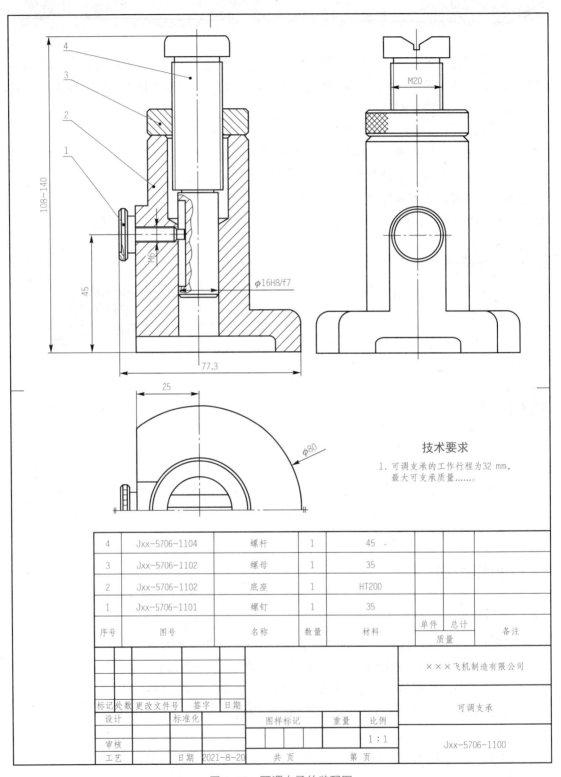

技术要求

1. 可调支承的工作行程为32 mm，最大可支承质量......。

4	Jxx-5706-1104	螺杆	1	45			
3	Jxx-5706-1102	螺母	1	35			
2	Jxx-5706-1102	底座	1	HT200			
1	Jxx-5706-1101	螺钉	1	35			
序号	图号	名称	数量	材料	单件	总计	备注
						质量	

				×××飞机制造有限公司		
标记 处数 更改文件号	签字	日期				可调支承
设计	标准化		图样标记	重量	比例	
审核					1:1	Jxx-5706-1100
工艺	日期 2021-8-20		共 页	第 页		

图 8-57　可调支承的装配图

装配图的作用如下：

（1）在设计或测绘部件或机器时，要画出装配图表示机器或部件的构造和装配关系，并确定各零件的结构形状和协调各零件的尺寸等，它是绘制零件图的依据。

（2）在生产过程中，要根据装配图制定装配工艺流程，装配图是机器装配、检验、调试和安装工作的依据。

（3）在使用和维修中，装配图是了解机器或部件的工作原理、结构性能，从而决定操作、保养、拆装和维修方法的依据。

2. 装配图的表达方法

装配图的表达方法与零件图的表达方法基本相同。前面学过的各种表达方法，如视图、剖视图、断面图等，在装配图的表达中也同样适用，但两者的侧重点不同，装配图表达的重点在于反映机器或部件的工作原理、零件间的装配连接关系和主要零件的主要结构特征，所以，装配图还有一些特殊的表达方法。

（1）画装配图的一般规定。

①零件的接触面或配合面，规定只画一条线；对于非接触面、非配合表面，即使间隙再小，也必须画两条线，如图 8-58 所示。

②在剖视图中，相邻两零件的剖面线倾斜方向应相反，如图 8-58 中所示的轴承端盖、轴承与轴承座。若相邻零件多于两个时，则应以间距不等与相邻零件相区别。同一零件在各个视图上的剖面线方向和间距应一致。

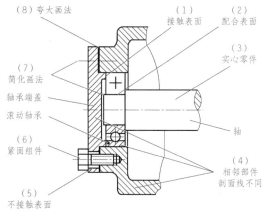

图 8-58　装配图的规定画法与简化画法

③在装配图中，当剖切平面通过一些标准件（如螺栓、螺柱、螺母、垫圈、键、销）和实心零件（如轴、杆、球等）的轴线（或对称线）时，这些零件按不剖绘制，只画外形，不画剖面线，如图 8-57 中所示的螺杆、螺钉等。

（2）装配图的特殊表达方法。

①沿结合面剖切。绘制装配图时，根据需要可沿某些零件的结合面选取剖切平面，这时在结合面上不应画出剖面线，但被横向剖切的螺钉和定位销等应画剖面线，如图 8-59 中的 *A-A* 所示。

②单独表示某个零件。在装配图中，为表达某个零件的形状，可另外单独画出该零件的形状，如图 8-59 中所示的 *B* 向视图是专门表达转子油泵泵盖形状的一个视图。

③假想画法。在装配图中，当需要表示与本部件相关的相邻零件或运动零件的运动范围及其极限位置时，可用细双点画线假想画出其相邻机件的外形轮廓，如图 8-59 所示的视图用细双点画线表示机件轮廓（或将运动件画在一个极限位置或中间位置上，另一个极限位置用双点画线画出）。

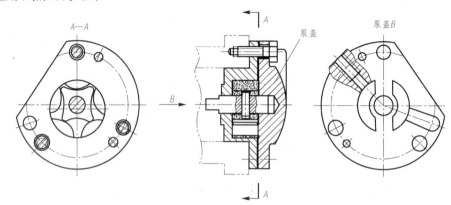

图 8-59　沿结合面剖切和单独表示某个零件

④简化画法。在装配图中，对零件的工艺结构（如圆角、倒角和退刀槽等结构）允许省略不画。对于螺纹连接件等若干相同零件组，允许详细地画出一处或几处，其余则以中心线或轴线表示其位置。滚动轴承也可采用简化画法，如图 8-58 所示。

⑤夸大画法。对于装配图中较小的间隙、垫片和弹簧等细小部位，允许将其涂黑代替剖面符号或适当加大尺寸画出，如图 8-58 所示。

⑥拆卸画法。在装配图中，当某个或几个零件遮住了需要表达的其他结构或装配关系，而该结构在其他视图中已表示清楚时，可假想将其拆去，只画出所要表达的部分视图，此时应在该视图的上方加注"拆去××等"，这种画法称为拆卸画法。

3．装配图中必要的尺寸标注

装配图的作用不同于零件图，它不是用来制造零件的依据，所以，在装配图中不需标注出每个零件的全部尺寸，而只需标注出一些必要的尺寸，这些尺寸按其作用不同，可分为以下几类：

（1）性能尺寸。性能尺寸是表示产品或部件的性能、规格的重要尺寸，是设计机器、了解和使用机器的重要参数。如图 8-57 中所示可调支承的工作行程为 32、螺杆的尺寸为 M20。

（2）装配尺寸。装配尺寸包括零件间有配合关系的配合尺寸，表示零件间相对位置关系的尺寸和装配需要加工的尺寸，如图 8-57 中所示的装配尺寸为 ϕ16H8/f7。

（3）安装尺寸。将机器安装在基础上或将部件装配在机器上所使用的尺寸。

（4）外形尺寸。机器或部件的外形轮廓尺寸，即总长、总宽和总高，它是机器在包装、运输、安装和厂房设计所需要的尺寸，如图 8-57 中所示的 77.3、80、108～140。

（5）其他重要尺寸。在设计中经过计算而确定的尺寸，主要零件的主要尺寸，如图8-57中所示的45、25。

以上几类尺寸，并不是在每张装配图上都能全部注出，有时一个尺寸可能有几种含义，故对装配图的尺寸要做具体分析后再进行标注。

4．装配图中的技术要求

由于机器或部件的性能、用途各不相同，其技术要求也不相同。在确定装配图的技术要求时，应从以下3个方面考虑：

（1）装配要求：是指装配时的调整要求、装配过程中的注意事项及装配后要达到的技术要求。

（2）检验要求：是指对机器或部件基本性能的检验、试验、验收方法的说明。

（3）使用要求：对机器或部件的性能、维护、保养、使用注意事项的说明。

5．装配图的零件序号

为了便于看图和装配工作，必须对装配图中的所有零部件进行编号，同时要编制相应的明细栏。在装配图中，零件序号的编排方法和规定如下：

（1）装配图中的序号由横线（或圆圈）、指引线、圆点和数字4个部分组成。指引线应自零件的可见轮廓线内引出，并在末端画一圆点，在另一端横线上（或圆内）填写零件的序号。指引线和横线都用细实线画出。指引线之间不允许相交，避免与剖面线平行。序号的数字要比装配图上尺寸数字大一号或两号，如图8-60所示。

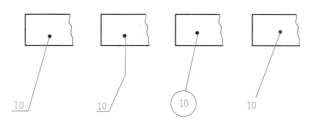

图 8-60　零件序号的编注形式

（2）每种不同的零件编写一个序号，规格相同的零件只编注一个序号。标准化组件，如油杯、滚动轴承和电动机等，可看成一个整体，只编注一个序号。

（3）零件的序号应沿水平或垂直方向，按顺时针或逆时针方向排列，并尽量使序号间距相等。

（4）对紧固件或装配关系清楚的零件组，允许采用公共指引线。如指引线所指部位较薄，不便画圆点时，可在指引线末端画出箭头，并指向该部位的轮廓线，如图8-61所示。

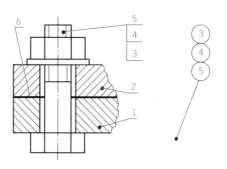

图 8-61　序号排列及公共指引线

6. 明细栏

明细栏是装配图中全部零件的详细目录，一般绘制在标题栏上方。零件的序号自下而上填写。如果位置不够，可将明细栏分段画在标题栏的左方，若零件过多，在图面上画不下时，可在另一张图纸上单独编写。

明细栏外框竖线为粗实线，其余为细实线，其下边线与标题栏上边线重合，长度相同。明细栏的基本内容如图 8-62 所示。

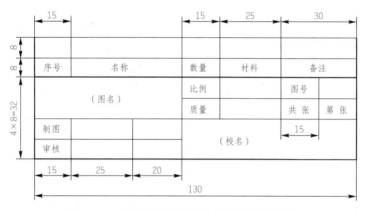

图 8-62　学生用装配图中的标题栏和明细栏

【任务实施】

以图 8-57 所示的可调支承装配图为例，读图方法步骤如下。

1. 概括了解

读装配图时，首先由标题栏了解部件的名称和用途；由明细栏了解组成机器或部件的各种零件的名称、数量、材料和标准件的规格；由画图的比例、视图的大小和外形尺寸了解机器或部件的大小；由产品说明书和相关资料，联系生成实践知识；了解机器或部件的性能、功用等，从而对装配图的内容有一个概况了解。

图 8-57 所示的可调支承，从标题栏和明细栏中可以了解到它是用于调整物体支承高度的一种装置，由 4 种零件装配而成，从图中可看出各零件的大致位置。由外形尺寸可知可调支承的外形大小和支承物体的可调高度。

2. 分析装配体的工作原理和装配关系

从主视图入手，抓主要装配干线或传动路线，分析有关零件的运动情况和装配关系，了解零件的连接、定位及配合的松紧程度等。

可调支承为支撑物体高度的调整装置，是一种螺纹传动机构。

从主视图所表达的装配干线上可知，螺钉 1 右端的圆柱部分插入螺杆 4 的长槽，使得螺杆 4 只能沿轴向上下移动而不能旋动。在螺母 3、螺杆 4 和被支承物体的重力作用下，螺母 3 的底面与底座 2 的顶面保持接触。当顺时针转动螺母 3 时，螺杆 4 向上移动；当逆时针转动螺母 3 时，螺杆 4 向下移动。因此，通过旋转螺母 3 即可调整该部件的支承高度。

3．分析零件的结构形状

读懂装配图中零件的主要结构形状，是读装配图的重要环节。在装配图中区分不同零件，常用以下 3 种方法：

（1）利用剖面线的方向和间距来区分。

在装配图中，同一零件在各视图上的剖面线方向相同、间距相等；相邻两零件的剖面线方向相反，或方向一致而间距不等。通过这些原则可以把底座在主视图中的投影分离出来。

（2）利用标准件和轴、杆等实心件按不剖绘制的规定来区分。在主视图中，剖切平面通过螺杆、螺钉轴线，这两种零件主体都是实心的，按不剖绘制，只画外形，因此可以把螺杆、螺钉的轮廓从主视图上区分出来。

（3）利用视图间的三面投影规律来区分。根据视图投影的对应关系，按照"长对正、高平齐、宽相等"的投影规律，找出零件在相应视图中的投影，从而想象出零件的主要结构形状。

按"高平齐"的规律，可以从主视图中已区分出的底座剖面轮廓找到它在左视图上的投影；按"长对正"的规律，找到底座在俯视图上的投影，最后构思出底座的主要结构形状。

根据以上方法从主视图中将 3 号件螺母的轮廓分离出来，如图 8-63（a）所示。由于在装配图中，螺母的一部分可见投影被其他零件遮住，因此需要补全其投影，如图 8-63（b）所示。根据对正关系，找到螺母在左视图和俯视图上的投影，最后想象出螺母的形状，如图 8-63（c）所示。

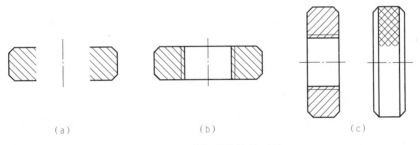

（a） （b） （c）

图 8-63　分析零件结构形状

（a）分离出螺母；（b）补全投影；（c）想象出螺母的形状

4．分析尺寸及技术要求

按装配图中标注的必要尺寸的功用分类，分析了解各类尺寸。

（1）32、M20 为可调支承的规格性能尺寸，它反映了可调支承的支承高度和支承能力。

（2）$\phi16H8/f7$ 为螺杆与底座的配合尺寸，属基孔制的间隙配合，以保证螺杆与底座间轴向方向的相对移动。

（3）77.3、80、108分别为可调支承外形的总长、总宽和总高尺寸。

其他为有关零件间的连接、定位尺寸等。

5．归纳总结

通过以上分析，把对机器或部件的所有了解进行归纳，获得对机器或部件的整体认识，想象出内外全部形状，从而了解机器或部件的设计意图和装配工艺，理解工作原理和结构特点，确定装拆顺序，为拆画零件打下基础。

任务九　根据可调支承装配图拆画2号件——底座零件图

 【任务描述】

根据图8-57所示的可调支承装配图，按照零件图的内容和要求，拆画2号件——底座零件图。

【任务分析】

由装配图拆画零件图，实际上是设计零件的重要环节，也是检验读装配图和零件图能力的一种方法。在全面读懂装配图的基础上，按照零件图的内容和要求拆画零件图。

【相关知识】

1．零件的分类处理

拆画零件图前，要对装配图所示的机器或部件中的零件进行分类处理，以明确拆画对象。按零件的不同情况可分为以下4类：

（1）标准件。一般情况下，标准件属于外购件，只需列出汇总表，填写标准件的规定标记、材料及数量等，不需拆画零件图。

（2）借用零件。借用零件是指借用已有产品中的零件，利用其零件图，一般也不需拆画零件图。

（3）特殊零件。特殊零件是设计时经过特殊考虑和计算所确定的重要零件，如风力发电机的叶片、内燃机的喷嘴等，这类零件应按给出的图样或数据资料拆画零件图。

（4）一般零件。一般零件是拆画的主要对象，应按照在装配图所表达的形状、大小和有关技术要求来拆画零件图。

2．常见的装配结构

为了实现机器或部件的顺利装配，保证装配质量、达到装配性能要求和装拆方便，需要掌握装配结构的合理性及其装配工艺对零件结构的要求。因此，画装配图时，须根据装配工艺的要求考虑部件结构的合理性。不合理的结构，将造成部件装拆困难，达不到设计要求。

（1）两相邻零件接触时，在同一方向上的接触表面应只有一对，如图 8-64 所示。这样，既保证了零件接触良好，又降低了加工要求。

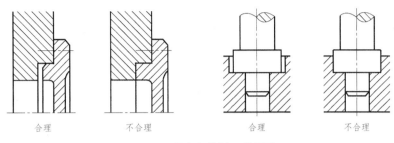

图 8-64　同方向接触面的画法

（2）轴与孔的端面相接触时，孔边要倒角或轴边要切槽，以保证端面接触良好，不能在接触面的交角处都做成尖角或大小相等的圆角，如图 8-65 所示。

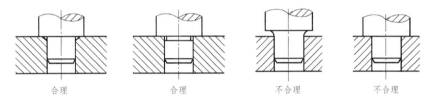

图 8-65　轴肩面与孔端面结构

（3）滚动轴承如以轴肩或阶梯孔定位，要考虑维修时拆装方便，应使轴肩高度小于滚动轴承内圈高度，孔的凸肩高度小于外圈高度，如图 8-66 所示。

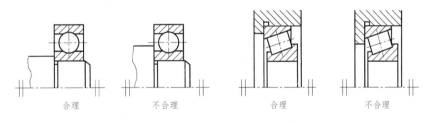

图 8-66　滚动轴承的安装结构

（4）当零件用螺纹紧固件连接时，应考虑到螺纹紧固件装拆的方便，留出螺栓或扳手的活动空间，如图 8-67 所示。

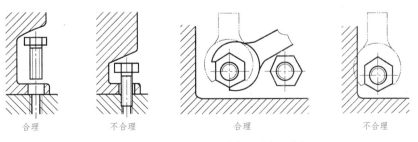

图 8-67　螺纹紧固件结构要方便装拆

1．分离零件、补画结构

读可调支承装配图时，分析底座的作用，区分、分离底座的投影，补齐装配图中被遮挡的轮廓线和投影线，对装配图中未表达清楚的结构进行补充设计，补全被省略、简化了的工艺结构，如图 8-68 所示。同时分析零件的加工工艺，考虑装配结构的合理性。

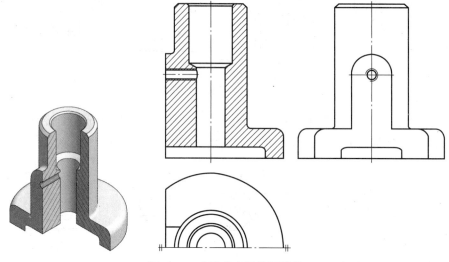

图 8-68　分离底座并补画结构

2．确定表达方案

因零件图与装配图的表达重点不同，拆画时的表达方案不一定照搬装配图；而应针对零件的形状特征选择恰当的表达方案。箱体类零件按工作位置选取主视图，这样所选位置可与装配图一致，便于装配图与零件图的对照；对轴套类、盘盖类零件一般按加工位置选取主视图；叉架类零件一般按形状特征或工作位置选取主视图。

底座属于箱体类零件，装配图的主视图能反映底座的主要形体特征，零件图的主视图就可借鉴该图。对于剖开的结构，其内部形状已经表达清楚，要省略其他视图中的虚线；俯视图和左视图主要表达底座的形状，这样底座的整个结构形状就表达得简明和清晰。

底座上的细小工艺结构，如倒角、铸造圆角等在装配图中往往省略不画，在拆画零件图时应将其补充完整。装配图中的螺纹连接是按外螺纹画法绘制的，拆画零件图时要特别注意内螺纹结构要改用内螺纹画法。

3．标注拆画零件的尺寸

拆画的零件图，应按照正确、完整、清晰、合理的要求，标注其尺寸。拆画的零件图的尺寸来源有以下 4 个方面：

（1）抄注。装配图上已标注出的尺寸都是必要的尺寸，拆图时应将与被拆零件有关的尺寸按其数值大小直接抄注在零件图上，如 25、45、M6、ϕ16H8 和 ϕ80 等。

（2）查取。零件上的一些标准结构（如倒角、圆角、螺纹、键槽等）的尺寸数值，应从有关标准中查取、核对后进行标注，如 M6、M20。

（3）计算。零件的某些尺寸数值，需根据装配图所给定的有关尺寸和参数，经过必要的计算或校核来确定，并不许圆整。如齿轮分度圆直径，是根据模数和齿数计算确定的。

（4）量取。装配图中没有标注的其余尺寸，应按装配图的比例在装配图上直接量取后算出，并按标准系列适当圆整，使之符合工程规范的长度或直径数值。

依据上述尺寸来源，选择尺寸基准和标注形式，重要尺寸应直接注出且准确无误，最后标全拆画的零件图尺寸，注意与相关零件的配合尺寸、相对位置尺寸要协调一致，避免矛盾。

4. 确定技术要求

根据零件的作用，结合设计要求，查阅有关手册或参阅同类、相近产品的零件图，确定并标注所拆画零件图上的表面粗糙度、尺寸公差、几何公差、热处理等技术要求，最后填写标题栏，完成所拆画的零件图，如图 8-69 所示。

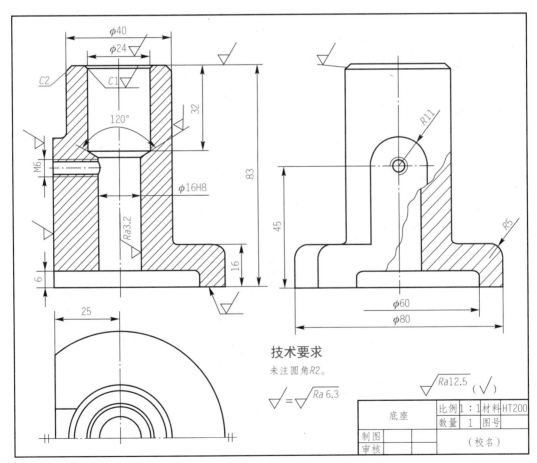

图 8-69　底座零件图

197

任务十　拼画旋塞装配图

【任务描述】

结合图 8-43 所示的锥形塞、图 8-46 所示的压盖、图 8-48 所示的阀体、图 8-51 所示的扳手、图 8-70 所示的垫圈及两个螺栓 GB/T 5783 M10×25，参照图 8-71 所示的旋塞装配示意和立体图，拼画旋塞装配图。

【任务分析】

旋塞通过螺纹连接安装在管路中，作为控制液体或气体流通的阀门，其特点是开、关迅速，操作方便。通过图 8-71 所示的旋塞装配示意与立体图可知，图中所示位置为旋塞开启的状态，因此锥形塞的孔与阀体上左、右螺孔是相通的；当扳手带动锥形塞旋转 90°后，锥形塞中的光孔已处于与阀体的左、右螺孔不相通位置，这时旋塞为关闭状态。为了防止泄漏，在锥形塞与阀体间充填填料（材料为石棉绳，无零件图），并用压盖压紧。压盖压入阀体的深度一般为 3～5 mm，由螺栓来调节，压紧填料后要求达到密封可靠且锥形塞转动灵活。

通过前面的任务实施，已对组成旋塞的阀体、锥形塞、压盖和扳手的功能与结构有了较清楚的认识，为画旋塞装配图打下了基础。

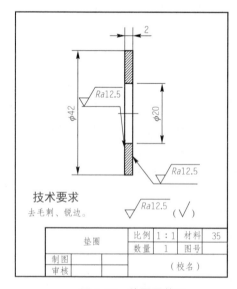

图 8-70　垫圈零件图

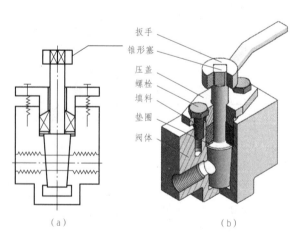

图 8-71　旋塞装配示意与立体图
（a）装配示意；（b）立体图

1. 拟定表达方案

在对旋塞有了较清楚的了解后，应根据需要灵活选用装配图的各种表达方法，确定最佳的表达方案，包括选择主视图、确定视图数量和所采用的表达方法。

2. 选择主视图

主视图的选择应满足以下要求：

（1）按机器或部件的工作位置放置。工作位置倾斜时，可将其放正。

（2）应能较多地表达出机器或部件的工作原理、零件间的主要装配关系、传动路线、连接方式及主要零件的结构形状特征。

（3）通过主要装配干线（装配关系密切的零件）的轴线剖开机件，画出剖视图以表达内部结构。

旋塞的主视图按工作位置摆放，通过锥形塞轴线的前后对称平面剖开，得到旋塞的全剖主视图，较多反映了零件间的装配关系、连接关系和相对位置。在全剖的主视图中，因锥形塞为实心件，全剖时按不剖处理，为了表示其与阀体上左、右螺孔相通情况，再作局部剖。

3. 其他视图的选择

分析部件中还有哪些工作原理、装配关系和主要零件的结构没有表达清楚，然后确定选用适当的其他视图。至于各视图采用何种表达方法，应根据需要来确定，但每个零件至少应在某个视图中出现一次。

旋塞左视图采用局部剖，剖视部分进一步表达内部的装配关系，视图部分表达相关零件的外形。俯视图取外形图，侧重表达旋塞及其压盖等的外形。

4. 画图步骤

根据零件图拼画装配图时，其画图步骤如下：

（1）选比例、定图幅、布图。根据装配体的大小和复杂程度合理布局各视图的位置。同时，还应考虑尺寸标注、编注序号和明细栏所占的位置，画出各视图的主要基准线，如轴线、中心线；再画出主要零件或较大零件的视图轮廓线，如阀体的主要轮廓线，如图 8-72 所示。

（2）根据装配关系和各零件的位置，沿装配干线逐一画出各零件的轮廓及其细部结构：锥形塞（图 8-73）、垫圈、压盖（图 8-74）、填料、扳手和螺栓等，如图 8-75 所示。

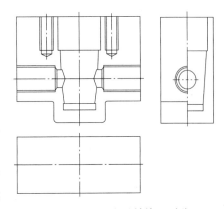

图 8-72　画主要轴线、对称
中心线及阀体的轮廓线

（3）画出各零件的细节部分，检查、修正所画视图，按照图线的粗细要求和规格类型将图线描深、加粗，如图 8-75 所示。

（4）加注文字。标注必要尺寸和注写技术要求，编写序号，填写标题栏、明细栏，完成旋塞装配图，如图 8-75 所示。

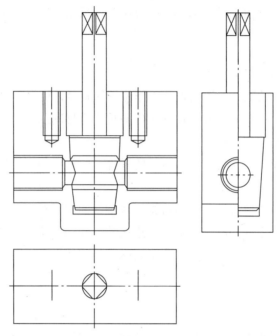

图 8-73　画锥形塞的轮廓线

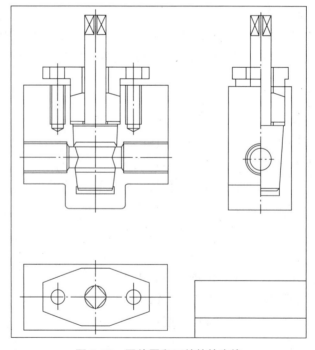

图 8-74　画垫圈和压盖的轮廓线

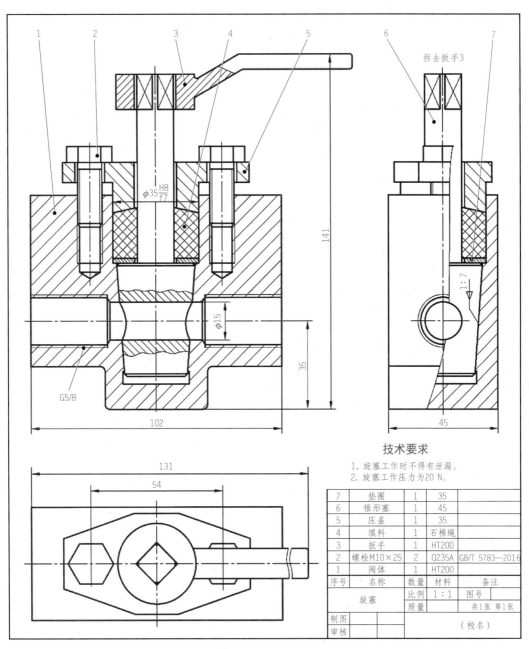

拆去扳手3

$\phi 35\frac{H8}{f7}$

141

$\phi 15$

35

102

G5/8

1:7

45

131

54

技术要求

1. 旋塞工作时不得有泄漏。
2. 旋塞工作压力为20 N。

7	垫圈	1	35	
6	锥形塞	1	45	
5	压盖	1	35	
4	填料	1	石棉绳	
3	扳手	1	HT200	
2	螺栓M10×25	2	Q235A	GB/T 5783—2016
1	阀体	1	HT200	
序号	名称	数量	材料	备注

旋塞		比例	1:1	图号	
		质量		共1张 第1张	
制图					
审核				(校名)	

图 8-75 旋塞装配图

09 其他工程图样

任务一 识读金属焊接件图

焊接是一种较常用的不可拆的连接方法，它主要是利用电弧或火焰，在零件间连接处加热或加压，并填充（或不填充）熔化的金属，将被连接的零件熔合而连接在一起。焊接具有工艺简单、连接可靠、节省材料等优点，被广泛应用于设备制造行业。

常用的焊接方法有电弧焊、电阻焊、气焊和钎焊等。其中电弧焊应用最广，手工电弧焊的代号为 111。

焊接零件间熔接处称为焊缝，焊缝在图样上一般采用焊缝符号表示。焊缝符号是表示焊接方法、焊缝形式和焊缝尺寸等技术内容的符号。

【任务描述】

根据如图 9-1 所示的轴承挂架焊接图，认识图中的焊接符号，了解焊接要求。

【任务分析】

由图 9-1 可知，图中除一般零件图应具有的内容外，还有与焊接有关的说明、标注和每个构件的明细栏。该焊接件由 4 个构件经焊接而成，即立板、横板、肋板和圆筒。从图中可以看出，焊接图的表达方法与零件图基本一致。主视图采用了局部剖反映横板上的孔，左视图用局部剖视图表达立板上的孔及圆筒的内孔，俯视图反映横板的形状及横板上孔的位置，并采用一处局部放大图反映焊缝的形状及尺寸。

本任务要求看懂轴承挂架焊接施工图，认识焊缝符号，了解焊缝的结构形式，掌握焊缝的画法、符号、尺寸标注方法和焊接方法的表示代号。

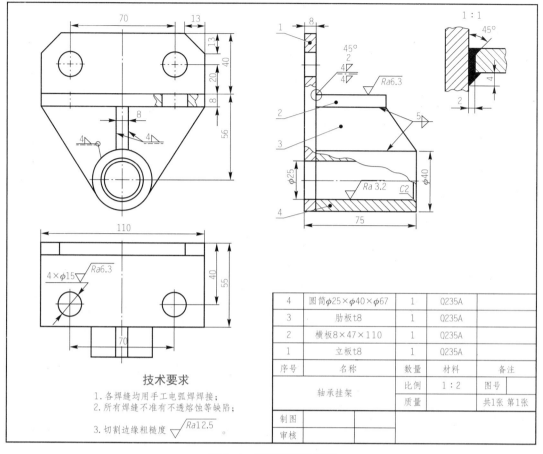

图 9-1　轴承挂架焊接图

📖 【相关知识】

■ 一、焊缝的图示法

常见的焊缝形式有对接焊缝、点焊缝和角焊缝等。焊接接头形式有对接、搭接、角接、T 形接头四种，如图 9-2 所示。

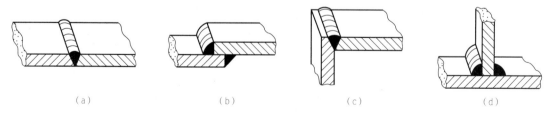

图 9-2　焊缝的接头形式

（a）对接接头；（b）搭接接头；（c）角接接头；（d）T 形接头

在技术图样中，应按《焊缝符号表示法》（GB/T 324—2008）规定的焊缝符号表示焊缝。焊缝的规定画法如图9-3所示。一般情况下，用粗实线表示可见焊缝；在垂直于焊缝的剖视图和断面图中，通常金属的熔焊区涂黑表示其截面形状；在视图中，可用栅线表示焊缝，也可用加粗线表示焊缝；如需在图样中简易地绘制焊缝时，也可用如图9-2所示的轴测图示意表示。但在同一图样中，只允许采用一种画法。

当焊接件上的焊缝比较简单时，焊缝的画法可以简化，如图9-4（a）所示。

当焊缝分布简单或图样比较小时，允许不画出焊缝结构形式，仅需在焊缝处标注代号加以说明，如图9-4（b）所示。

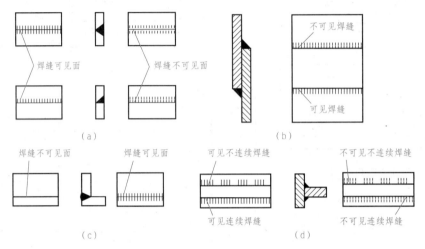

图9-3　焊缝的画法

（a）对接焊缝的画法；（b）搭接焊缝的画法；（c）角接焊缝的画法；（d）T形焊缝的画法

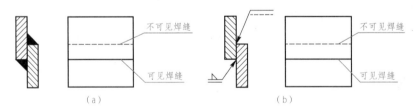

图9-4　焊缝的简化画法

（a）焊缝简化；（b）标注代号说明

必要时，可将焊缝部分放大表示，并标注有关尺寸，如图9-1所示的局部放大图。

■ 二、焊缝的符号表示法

当焊缝分布比较简单时，可不画焊缝，只在焊缝处按规定的格式和符号进行标注。

焊缝符号一般由基本符号与指引线组成，如图9-5所示。必要时可以加上辅助符号、补充符号、焊接方法的数字代号和焊缝的尺寸符号。

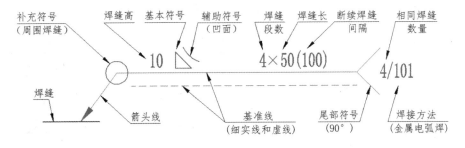

图 9-5　焊缝的代号表示法

1. 焊缝基本符号

基本符号表示焊缝横断面的基本形式或形状，它采用近似焊缝横断面形状的符号来表示，基本符号用粗实线绘制。表 9-1 列出了常见焊缝的基本符号。

表 9-1　焊缝的基本符号

序号	名称	示意图	符号	序号	名称	示意图	符号
1	卷边焊缝		儿	9	封底焊缝		
2	I 形焊缝		‖	10	角焊缝		◺
3	V 形焊缝		V	11	塞焊缝或槽焊缝		
4	单边 V 形焊缝		V				
5	带钝边 V 形焊缝		Y	12	点焊缝		○
6	带钝边 V 形单边焊缝		Y				
7	带钝边 U 形焊缝		Y	13	缝焊缝		⊖
8	带钝边 J 形焊缝		Y				

标注双面焊焊缝或接头时，基本符号可以组合使用，见表9-2。

表9-2　焊缝基本符号的组合

序号	名称	符号	示意图	标注示例
1	双面V形焊缝（X焊缝）	X		
2	双面单V形焊缝（K焊缝）	K		
3	带钝边的双面V形焊缝	X		
4	带钝边的双面单V形焊缝	K		
5	双面U形焊缝	X		

2.焊缝辅助符号

焊缝的辅助符号是表示焊缝表面形状特征的符号，不需要确切说明焊缝表面形状时，可以不加注此符号。焊缝辅助符号用粗实线绘制，标注示例见表9-3。

表9-3　焊缝辅助符号及标注示例

名称	符号	标注示例	说明
平面符号	——		表示焊缝表面平齐（一般通过加工）
凹面符号	⌣		表示焊缝表面凹陷
凸面符号	⌢		表示焊缝表面凸起

3.焊缝补充符号

焊缝补充符号是为了补充说明焊缝的某些特征而采用的符号。其符号画法和标注方法，见表9-4。

表9-4　焊缝补充符号及标注示例

序号	名称	示意图	符号	标注示例	说明
1	永久衬垫		M		表示V形焊缝的背面底部有衬垫
	临时衬垫		MR		
2	三面焊缝符号		⊏	111	工件三面带有焊缝，焊接方法为手工电弧焊

206

序号	名称	示意图	符号	标注示例	说明
3	周围焊缝符号		○		表示在现场沿工件周围施焊
4	现场符号			见序号3	表示在现场和工地上进行焊接
5	尾部符号			见序号2	参照《焊接及相关工艺方法代号》GB/T 5185—2005）标注焊接方法等内容

4. 焊缝指引线

焊缝指引线用细实线绘制，其构成如图9-5所示。箭头指向焊缝；两条基准线，一条为实线，另一条为细虚线（虚线表示焊缝在接头的非箭头侧），基准线一般与主标题栏平行；实基准线的左端（或右端）为箭头线，当位置受限时，允许将箭头线折弯一次；焊缝符号注写在基准线的上方或下方，如有必要，可在实基线的另一端画出尾部符号，以注明其他附加内容（如说明焊接方法等）。尾部需要标注的内容较多时，每项内容用"/"分开，可参照如下次序排列：相同焊缝数量/焊接方法代号/缺欠质量等级/焊接位置/焊接材料/其他。

5. 焊缝符号的标注

为了在图样上确切表示焊缝的位置，将基本符号与基准线的相对位置作了以下规定：

（1）基本符号在实线侧时，表示焊缝在箭头侧，如图9-6（a）所示。

（2）基本符号在虚线侧时，表示焊缝在非箭头侧，如图9-6（b）所示。

（3）对称焊缝允许省略虚线，如图9-6（c）所示。

（4）在明确双面焊缝分布位置的情况下，有些双面焊缝也可省略虚线，如图9-6（d）所示。

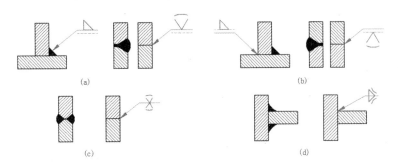

图9-6　焊缝符号的标注

（a）焊缝在箭头侧；（b）焊缝在非箭头侧；（c）对称焊缝省略虚线；（d）双面焊缝省略虚线

207

6. 焊缝的尺寸符号

焊缝尺寸指的是工件的厚度、坡口的角度、根部的间隙等数据，应根据焊接方法、焊件的厚度及材质来确定。对于无严格尺寸要求的焊缝，一般不必标注尺寸。只有当设计或生产中需要注明焊缝尺寸时才标注。常用焊缝的尺寸符号见表9-5。

表9-5　焊缝尺寸符号

符号	名称	示意图	符号	名称	示意图
δ	工件厚度		e	焊缝间距	
α	坡口角度		K	焊角尺寸	
b	根部间隙		d	熔核直径	
p	钝边		S	焊缝有效厚度	
c	焊缝宽度		N	相同焊缝数量符号	
R	根部半径		H	坡口深度	
l	焊缝长度		h	余高	
n	焊缝段数		β	坡口面角度	

焊缝尺寸符号和尺寸数值在指引线上的标注位置，如图9-7所示。

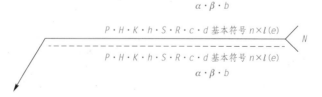

图9-7　焊缝尺寸的标注位置

焊缝尺寸的标注规则：横向尺寸标注在基本符号的左侧；纵向尺寸标注在基本符号的

右侧；坡口角度 α、坡口面角度 β、根部间隙 b，标注在基本符号的上侧或下侧；相同焊缝数量标注在尾部；当尺寸较多不易分辨时，可在尺寸数据前标注相应的尺寸符号。

当箭头线方向改变时，上述规则不变。当若干条焊缝相同时，可采用公共指引线标注。

焊缝尺寸的其他规定：确定焊缝位置的尺寸不在焊缝符号中标注，应将其标注在图样上；在基本符号的右侧无任何尺寸标注又无其他说明时，意味着焊缝在工件的整个长度方向上是连续的；在基本符号的左侧无任何尺寸标注又无其他说明时，意味着对接焊缝应完全焊透；塞焊缝、槽焊缝带有斜边时，应标注其底部的尺寸。

三、焊接方法的数字代号

焊接的方法很多，可用文字在技术要求中注明，也可用数字代号直接写在引线的尾部符号中。《焊接及相关工艺方法代号》（GB/T 5185—2005）规定了常用的焊接方法的数字代号，见表9-6。

表9-6　常用焊接方法的数字代号

焊接方法	数字代号	焊接方法	数字代号
焊条电弧焊	111	光辐射焊	75
埋弧焊	12	气焊	3
电渣焊	72	硬钎焊	91
高能束焊	5	点焊	21

当同一图样上全部焊缝所采用的焊接方法完全相同时，焊缝符号中表示焊接方法的代号可以省略不注，但必须在技术要求或其他技术文件中注明"全部采用……焊"等字样；当部分焊接方法相同时，也可在技术要求或其他技术文件中注明"除图样注明的焊接方法外，其余焊缝均采用……焊"等字样。

四、常见焊缝标注示例

在图样上，焊缝一般只用焊接符号直接标注在视图的轮廓上。常见焊缝的标注示例见表9-7。

表9-7　焊缝的标注示例

序号	接头形式	焊缝形式	标注示例	说明
1	对接接头			表示 V 形焊缝的坡口角度为 α，根部间隙为 b，有 n 段焊缝，焊缝长度为 l

序号	接头形式	焊缝形式	标注示例	说明
2	T形接头			表示单面角焊缝，焊角高度为 K
				表示有 n 段长度为 l 的双面断续角焊缝，间隔为 e，焊角高为 K
				表示有 n 段长度为 l 的双面交错断续角焊缝，间隔为 e，焊角高为 K
3	角接接头			双面焊缝，上为带钝边（p 钝边）单边 V 形焊缝，下为角焊缝
4	搭接接头			表示有 n 个焊点的点焊缝，焊核直径为 d，焊点的间距为 e

【任务实施】

从图 9-1 上所标的焊接符号可知，立板与横板采用双面焊接，上面为单边 V 形平口焊缝，钝边高为 4，坡口角度为 45°，根部间隙为 2；下面为角焊缝，焊角高为 4。肋板与横板及圆筒采用焊角高为 5 的双面角焊缝，与立板采用焊角高为 4 的角焊缝。圆筒与立板采用焊角高为 4 的周围角焊缝。从技术要求可知，全部焊缝采用手工电弧焊。

【知识拓展】焊接图与装配图、零件图的异同

焊接图实际上是焊接件的装配图，有装配图的形式，但焊接图表达的仅仅是一个零件（焊接件），所以，它又包含零件图的内容。

焊接图各相邻构件的剖面线不同（方向相反或间距不等），且在焊接图中需对各构件进行编号，并需填写零件明细栏，在名称栏内注明构件的规格大小。

焊接图分为整体式和分件式两种画法。

（1）整体式画法主要用于比较简单的焊接件。各组成构件的全部尺寸直接标注在焊接图中，从而不必画各组成构件的零件图。如图 9-8 所示为单个金属零件法兰盘的焊接施工图，套筒 1 和圆盘 2 通过双面角焊缝焊接在一起，采用周围一圈焊接，图上不仅表达了各零件（构件）的装配、焊接要求，而且表达了每个零件的形状、尺寸大小及其他加工要求，这种画法表达集中、出图快，适用结构简单的焊接件以及修配和小批量生产。

（2）分件式画法主要用于比较复杂的焊接件。焊接图应着重表达装配连接关系、焊接要求等，而每个零件需另画零件图表达。此画法的特点是图形清晰、重点突出、看图方便，适用结构复杂的焊接件和大批量的生产。

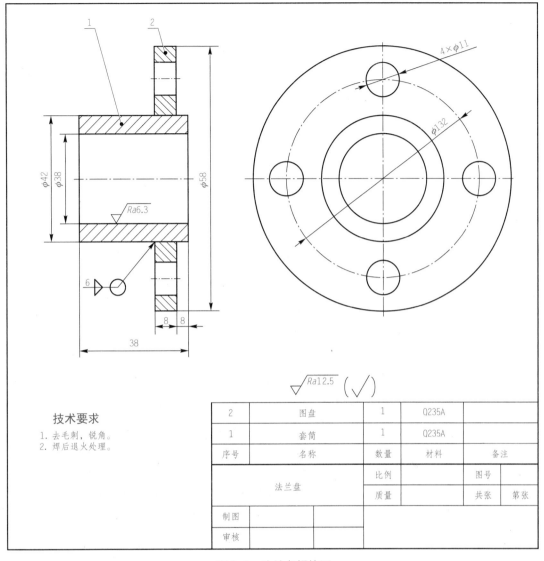

技术要求

1. 去毛刺, 锐角。
2. 焊后退火处理。

2	图盘	1	Q235A	
1	套筒	1	Q235A	
序号	名称	数量	材料	备注
法兰盘		比例		图号	
		质量		共张	第张
制图					
审核					

$\sqrt{Ra12.5}$ ($\sqrt{}$)

图 9-8　法兰盘焊接图

【任务描述】

　　了解电气图的画法和相关基本知识，了解常用的电气框图、系统图、电路图、接线图、印刷电路板图的基本知识和表达方法。

任务二　了解电气图

211

电气图是电气技术领域中各种图样的总称，它的作用是表达电气设备的工作原理，描述电气产品的构成和功能，说明电气设备的安装要求和使用方法。电气图的主要表达形式为简图和表格。电气图的种类繁多，常用的有框图、系统图、电路图、接线图、印刷电路板图等。

【相关知识】

■ 一、电气图的基本知识

1. 电气制图的有关国家标准

（1）图纸幅面和格式。图纸幅面和格式可参照《技术制图 图纸幅面和格式》（GB/T 14689—2008）选用。

（2）图线。绘制电气图时，选用的各种图线的形式及一般用途见表9-8。图线应根据图形大小和复杂程度，在 0.5～1.4 mm 中选择粗实线的宽度 d。通常只选用两种宽度的图线，粗线和细线的宽度比例为 2∶1。在某些情况下，可能需要两种以上宽度的图线，此时线的宽度应以 2 的倍数依次递增。

表 9-8　电路图用主要线型

图线名称	图线型式	用途	宽度系列
实线	——————	基本线、简图主要内容用线（图形符号及连线）、可见轮廓线、可见导线	0.13、0.18、0.25、0.35、0.5、0.7、1.0、1.4、2.0
虚线	— — — —	辅助线、屏蔽线、机械连接线（液压、气动等）、不可见导线、不可见轮廓线	
点画线	—·—·—·—	分界线（结构、功能分组用）、围框线、控制及信号线路（电力及照明用）	
双点画线	——·—·——	辅助围框线、50 V 以下电力及照明线路	

（3）字体。字体按照《技术制图 字体》（GB/T 14691—1993）的规定书写。字体高度不应小于 3.5 mm。

（4）比例。如果需要按比例绘图，可从《技术制图 比例》（GB/T 14690—1993）中选取。在画位置图时，可以从下列比例系列中选取：1∶10、1∶20、1∶50、1∶200、1∶500。

（5）箭头与指引线 [《电气技术用文件的编制 第 1 部分：规则》（GB/T 6988.1—2008）]。信号线和连接线上的箭头可以是实心的或空心的，也可以是开口的或短斜线，如图 9-9（a）所示。一般开口箭头用于连接线上，表示电气能量流和信息流的方向；实心箭头用于指引线和尺寸线末端。

指引线应是细实线，指向被注释处，并在其末端加注如下标记：若末端在轮廓线内，指引线端部为黑点；若末端在轮廓线上，指引线端部为箭头；指引线端部可直接由尺寸线引出；若末端在尺寸线或电路线上，指引线端部为短斜线，如图 9-9（b）所示。

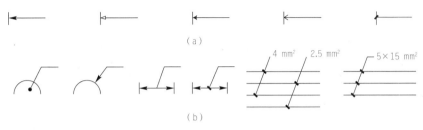

（a）

（b）

图 9-9　箭头与指引线形式

（a）箭头；（b）指引线

（6）连接线。在电气图中，连接线用于连接各种元器件图形符号，以表达元器件之间的关系。连接线用实线表示，计划扩展的内容用细虚线表示。为了突出或区分某些电路、功能等，导线符号、信号通路、连接线等可采用不同粗细的图线来表示，如一个三相电力变压器及与之有关的开关装置和控制装置，电源电路可用粗实线表示；如有单根导线汇入用单线表示的一组连线（干线），为便于看图，单根导线用细实线绘制，干线用粗实线绘制。

连接线识别标记的两种标注形式如图 9-10（a）所示。为了使图面清晰，多根平行的连接线或一组导线可采用单线表示法，如图 9-10（b）所示。为了避免连接线穿越太多图线，可将连接线中断，并在两端加注相应的标记。

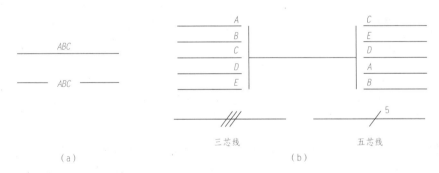

三芯线　　　　　　　　　　五芯线

（a）　　　　　　　　　　　　　（b）

图 9-10　连接线的标注与简化

（a）两种标注；（b）简化标注

（7）围框。当需要在图上表明功能单元、结构单元或项目组的范围时，可以用细点画线围框将该部分围起来，如图 9-11 所示。围框的形状可以是不规则的。如果在表示一个单元的围框内含有不属于该单元的元器件符号时，则应将这些符号用细双点画线的围框围起来，并加注代号或注解，如图 9-11 中部所示的细双点画线围框。

2. 图形符号

《电气简图用图形符号》（GB/T 4728）规定了电气图中图形符号的画法，它们是构成电气图的基础。图形符号一般有以下 4 种基本形式：

（1）符号要素。具有确定意义的构成图形符号的最简图形单元，它不能单独使用。

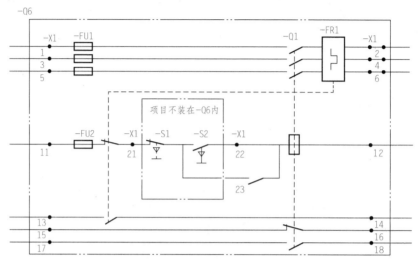

图 9-11　围框应用示例

（2）一般符号。各类元器件的基本符号可以单独使用，用来表示一类或该类产品特征。常用元器件的一般符号如图 9-12 所示。

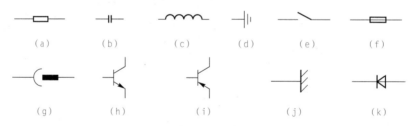

图 9-12　常用元器件的一般符号

（a）电阻器；（b）电容器；（c）电感器；（d）接地；（e）开关；（f）熔断器；
（g）插头和插座；（h）NPN 型三极管；（i）PNP 型三极管；（j）接机壳或底板；（k）半导体二极管

（3）限定符号。限定符号是加在其他符号上提供附加信息的图形符号，不能单独使用。

（4）方框符号。方框符号只表示元件、设备的组合及其功能，不给出其细节和连接。其常用在使用单线表示法的电气图中。

一般符号和限定符号的组合如图 9-13 所示。

图 9-13　限定符号（与一般符号组合）应用示例

（a）可调电阻；（b）极性电容器；（c）磁芯电感器；（d）滑动电阻器；（e）微调电容器；（f）发光二极管

214

3. 文字符号

图形符号提供了一类设备或元件的共同符号。为了更明确地区分不同的设备、元件，尤其是区分同类设备或元件中不同功能的设备或元件，还必须在图形符号旁标注相应的文字符号。文字符号通常由基本文字符号（单字母或双字母）、辅助文字符号和数字组成。

（1）基本文字符号。电气设备、装置和元器件分为 23 个大类，每个大类用一个专用的单字母表示，见表 9-9。如需要将某一大类进一步划分时，可以在单字母符号后面加上一个字母就组成了双字母符号。

表 9-9　项目种类与字母代码表

项目种类	字母代码	项目种类	字母代码	项目种类	字母代码
组件、部件	A	电动机	M	端子、插头插座	X
变换器	B	模拟元件	O	操作机械器件	Y
电容器	C	测量、试验设备	P	滤波器、均衡器	Z
存储、延迟器件	D	电力开关、器件	Q	交流电	AC
杂项、其他元件	E	电阻器	R	信号灯	HL
保护器件	F	控制电路开关	S	交流继电器	KA
电源、发电机	G	变压器	T	电流表	PA
信号器件	H	调制器、变换器	U	电压表	PV
继电器、接触器	K	真空、半导体	V	红色	RD
电感器、电抗器	L	传输通道、开线	W	电位器	RP

（2）辅助文字符号。辅助文字符号用于说明设备、装置、元器件和线路的功能、状态和特征。如 SYN 表示同步；L 表示限制。

辅助文字符号可以加在单字母后面组成双字母符号。如 SP 表示压力传感器；YB 表示电磁制动器等。

辅助文字符号也可以单独使用，如 ON 表示接通；PE 表示保护接地。

4. 项目代号

在电气图中，把用图形符号表示的基本件、部件、组件、功能单元、设备和系统等称为项目。项目的规模差别很大，大到电力系统、电机或变压器，小到电阻、电容或端子板。

项目代号是用来识别图形、图表、表格中和设备中的项目种类，并提供项目的层次关系、实际位置等信息的一种特定的文字符号。图形符号只有与项目代号配合在一起，才能反映一个产品的具体意义和在整个设备中的层次关系及实际位置。

一个完整的项目代号包括四个部分，其形式为

=（高层代号）+（位置代号）-（种类代号）：（端子代号）

每一部分称为代号段，每个代号段都由字母和数字构成，以表达相关信息。各代号段用特定的前缀符号加以区分，如图 9-11 左上角的文字 -Q6 为项目代号。

■ 二、常用的五种电气图

1．系统图和框图

系统图和框图是电气设备在设计、生产、安装、使用和维修的过程中经常使用的电气图。两者都是用符号或带注释的线框概略表示设备、系统和分系统的功能、基本组成、相互关系及其主要特征的一种简图，主要用于系统设计，为进一步设计编制详细技术文件提供依据，也可与有关电气图配合使用，为操作和维修提供参考。

画框图的具体要求：每个单元电路用正方形或长方形框表示，在方框内注写该单元电路的名称；方框之间用细实线和箭头进行连接，以说明各组成部分之间的相互作用关系，如图 9-14 所示。

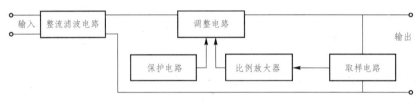

图 9-14　某稳压电源框图

系统图和框图形式相同，用途也很接近，两者的区别：系统图通常描述系统和成套装置，层次较高，侧重体系划分；而框图通常描述分系统或设备，层次较低，侧重功能划分。

图 9-15 所示为某轧钢厂电气系统图。图中用带注释的方框表示具有不同功能的分系统，用细实线连接表示各功能分系统之间的关系，连接上表示流向的箭头为开口的；方框左上角的文字为项目代号，如 =K1。

2．电路图

电路图又称电路原理图，是用图形符号、文字符号按其工作顺序排列，详细表示电路、设备控制系统的基本组成和连接关系，而不考虑其实际位置的一种简图。电路图详细表达电器设备各组成部分的工作原理、电路特征和技术性能指标，为电气设备的装配、工艺编制、检测调试和故障分析提供信息，是编制接线图、印制电路板图等图样的依据。电路图中的元器件由注有项目代号和主要参数的图形符号表示，如图 9-16 所示。

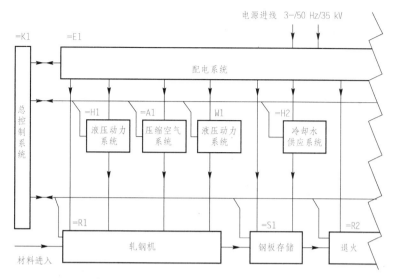

图 9-15 某轧钢厂电气系统图

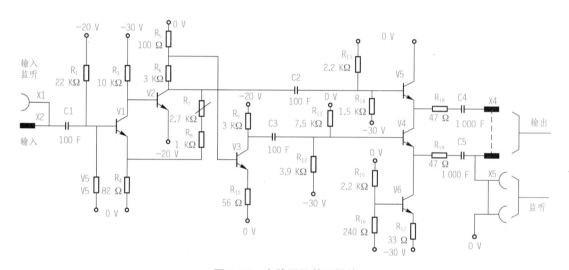

图 9-16 电路图及其元器件

绘制电路图可参照《电气技术用文件的编制 第一部分：规则》（GB/T 6988.1—2008）中规定的规则。具体要求如下：

（1）电路图在布局上按功能分开画出，即按主电路、控制电路、照明电路及信号电路分开绘制；且应按因果关系从左到右或从上到下布置，并尽可能按工作顺序排列。电路图的电路可水平或垂直布置。水平布置时，电源线垂直画，其他电路水平画，控制电路中的耗能元件画在电路的最右端；垂直布置时，电源线水平画，其他电路垂直画，控制电路中的耗能元件画在电路的最下端。

（2）电路图中的各电气元器件，一律采用《电气简图用图形符号》（GB/T 4728）中规定的图形符号绘出，并用规定的文字符号标记。同一电器的各个部件按其在电路中所起的作用必须用相同的文字符号标注，其图形符号可以不画在一起。

（3）各主要元件尽量排列在同一水平线或垂直线上；同类元器件尽量在横向上或纵向

上对齐。

（4）电路图中的所有电气元器件的可动部分通常表示在电器非激励或不工作的状态和位置。如继电器、接触器、制动器等的线圈处在非激励状态；机械控制的行程开关和按钮在其未受机械压合的状态；零位操作的手动控制开关在零位状态。

（5）表示导线、信号通路、连线等的图线都应是交叉和拐弯最少的直线，并应水平（或垂直）地布置。拐弯处应为直角，线路相交处应为实心圆点。

3. 电器位置图

电器位置图需按比例详细绘制出电气设备中各电器的相对位置。绘制电器位置图时，应按机械制图有关标准表示清楚各电器之间的相对位置，并且图中各电器元件的文字符号应与有关电路图中电器元件的文字符号相同。CW6132型车床电器位置图如图9-17所示。

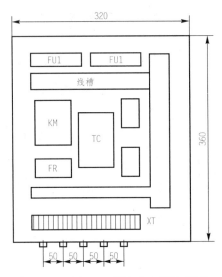

图 9-17　CW6132 型车床电器位置图

4. 接线图

接线图是表示产品内部各元器件相对位置关系及它们之间的电连接关系的略图，即实体布线图。它是在电路图基础上编制，且符合装配、施工的要求，按各个电器元件和设备的相对安装敷设位置绘制而成的。接线图主要用于配线、检查和维修，故在生产现场得到广泛的应用。

根据表达对象和用途的不同，接线图可分为单元接线图、互连接线图和端子接线图等。单元接线图仅反映单元内部的连接关系；互连接线图仅反映单元的外接端子板之间的连接关系；端子接线图表示单元和设备的端子及其与外部导线的连接关系。

接线图或接线表一方面用于表示单元内部的连接关系，这时一般可以不表示单元之间的外部连接关系，图9-18所示为中断线表示的单元接线图；另一方面用于表示单元之间的互相连接关系，这时一般可以不表示单元内部连接关系，称为互连接线图或接线表。

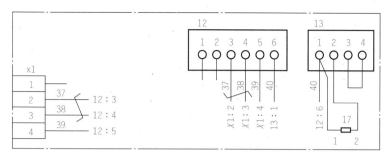

图 9-18   用中断线表示的单元接线图

绘制接线图，可参照《电气技术用文件的编制 第 1 部分：规则》（GB/T 6988.1—2008）中规定的接线图编制规则，主要具有以下要求：

（1）元器件的位置和外形尺寸应按比例绘制，元器件的图形可以简化或用图形符号代替。图中各元器件的图形符号、文字符号及它们之间的连接编号均应以电路图为准，并保持一致。与接线无关的固定件或元件不予画出。

（2）接线图一般应标出项目的相对位置、项目代号、端子间的电连接关系、端子号、导线号、导线类型、截面面积等。或者在接线图中附一个接线表，填写与接线图中的项目代号、端子、导线等一致的内容。

（3）导线通常均用细实线绘制，但由若干根导线组成的线束部分（干线）用粗实线绘制。在导线与干线交接处应绘制成小圆弧或 45°斜线，以表示导线走向。

（4）在互连接线图中，各个单元项目的外形轮廓围框用细点画线绘制。

（5）同一控制箱或控制屏的各电器元件直接相连，而箱（或屏）内与外部电器元件相连时，必须经接线端子排。

接线图上所有表示的电气连接，一般并不表示实际走线的路径。在配线时，由电工根据经验选择最佳路径。

5．印制板图

印制板是由覆有铜箔的层压环氧塑料基板制成的。它将电路图中各有关图形符号之间的电气连接转变成所对应的实际元器件之间的电气连接，同时，也起着结构支撑的作用，其画法也是采用正投影结合符号表示，可参考国家标准《机械制图 图样画法 视图》（GB/T 4458.1—2002）和《电气简图用图形符号》（GB/T 4728）绘制。

印制板图包括印制电路板零件图和印制电路板组装件装配图。印制电路板零件图主要包括结构图、导电图形图和标记符号图。印制电路板结构图和组件装配图的绘制及识读与机械图相同。

《印制板制图》（GB/T 5489—2018）对绘制印制板作了以下主要规定：

（1）采用直角坐标系的坐标网格法标注尺寸时，直角坐标网格的间距按《印制电路网格体系》（GB/T 1360—1998）选取，一般间距常取 2.5 mm。网格线间距由设计者根据图形的密度和比例确定。

（2）导电图形一般用双线轮廓绘制，也可在双线轮廓内涂色或在双线轮廓内绘制剖面线。当印制导线宽度小于 1 mm 或宽度基本一致时，导电图形可用单线绘制，此时应注明导线宽度、最小间距和连接盘的尺寸数值。

（3）绘制单孔时，孔的中心必须位于坐标网格线的交点上；绘制孔组时，做圆形排列的孔组的公共中心点，必须位于坐标网格线的交点上，并且其他孔至少有一个孔的中心位于上述交点的同一坐标网格线上；做非圆形排列的孔组中的孔，至少有一个孔的中心必须位于坐标网格线的交点上，其他孔至少有一个孔的中心位于上述交点的同一坐标网格线上。

（4）标记符号图。标记符号图按元器件装接位置绘制。一般用元器件的图形符号、简化外形和它在原理图、逻辑图中的位号表示。位号一般标注在靠近该元器件图形符号或外形图的左方或上方。

（5）印制板零件图。单面印制板的图样一般用一个视图表示；双面印制板的图样一般用两个视图（主视、后视图）表示；当后视图上的导电图形能在主视图中表示清楚时，也可以只绘制一个视图；多层印制板的每一导线层应绘制一个视图，视图上应标出层次序号。其编号方法为：从元件面开始，依次序对每一导线层进行编号。当视图为后视图时，应在视图上方标注"后视图"字样。

（6）印制板装配图。在清楚地表示装配关系的前提下，印制板装配图中的元器件一般采用简化外形或按《电气简图用图形符号》（GB/T 4728）绘制图形符号。当元器件在装配图中有方向要求时，必须标出定位特征标志。在需要完整、详细地表示装配关系时，印制板装配图中结构件和元器件按相关规定绘制。

图 9-19 所示为印制电路板导电图形图，是在坐标网格上绘制的，现在一般采用计算机绘制。印制电路板导电图形图主要用来表示印制导线、连接盘的形状和它们之间的相互位置。印制电路板的导电图形图还可根据需要制成单面、双面或多层几种形式。

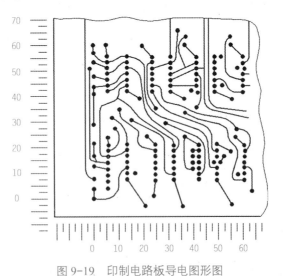

图 9-19　印制电路板导电图形图

图 9-20 所示为印制电路板标记符号图，是按元器件在印制电路板上的实际装接位置，采用元器件的图形符号、简化外形和它们在电路图、系统图或框图中的项目代号及装

接位置标记等绘制的。印制电路板标记符号图也可采用元器件装接位置标记及其在电路图、系统图或框图中的项目代号表示。

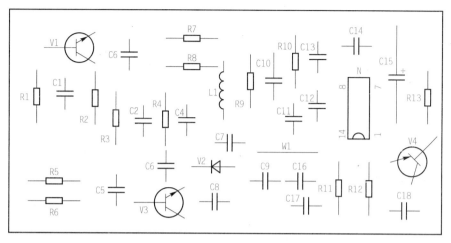

图 9-20　印制电路板标记符号图

任务三　了解展开图

在工程制造中，有许多由金属板材制成的薄壳类零件，称为钣金件。制造这类零件不仅要有零件图表示零件的形状尺寸和加工要求，还需要有表示零件表面展开形状和尺寸的图样，以便为板材放样下料提供依据，这种图样就称为展开图。

展开图在冶金、石油、化工、电气、汽车、航空、造船等行业的应用尤为广泛。如容器、管道、箱柜、车身、机身、船身等都属于需要展开图的零件。

【任务描述】

以图 9-21（a）所示集粉筒为例，了解展开图及工程上常用的几种展开图的展开方法。

【任务分析】

图 9-21（a）所示为饲料粉碎机上的集粉筒，它是用薄钢板制成的。集粉筒壳体就是一个由钢板制作的典型的钣金件，具体制作过程：首先按展开图将板材切割成一定形状并弯曲成型，再经过焊接、铆接或咬缝将各构件连接成该零件。制造时，一般先按零件图的尺寸，在板材上画成 1:1 的视图（实样图），如图 9-21所示；然后根据实样图画出放样图，如图 9-21（c）所示；再经下料、弯卷、焊接而成。画放样图的关键是把制件（立体）的表面展开。

一、展开图的概念

所谓展开图即是将立体表面的真实形状和大小顺次连续地展平在一个平面内所得到的图形。绘制展开图时，如果考虑设计和加工制造的要求，就是放样图。这里只介绍展开图的画法，不讨论放样图的问题。

二、画展开图时应注意的问题

1. 必须明确立体表面是否可展

平面立体的表面和直纹曲面中相邻两素线共平面的曲面是可展的；锥状面等其他直纹曲面和全部曲纹面是不可展的。不可展的曲面如必须展开时，只能用近似方法展开。

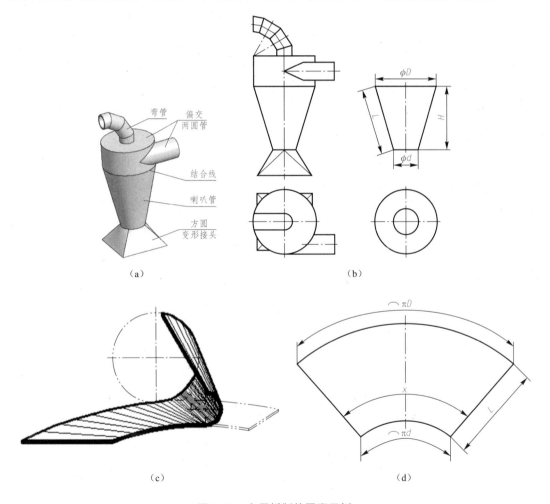

（a）　　　　　　　　　（b）

（c）　　　　　　　　　（d）

图 9-21　金属板制件展开示例

（a）集粉筒立体图；（b）视图；（c）喇叭管实样图；（d）展开图

2. 确定求立体表面实形的方法

求立体表面实形一般用图解法或计算法。按图解法绘制的表面实形，精确度虽低于计算法，但比较简便，而且大多能满足生产要求，因而得到广泛的应用。图 9-21 中所示的喇叭管则是用图解法展开的。对于精度较高的板制件，常常需要计算并校核展开图中有关的尺寸。

随着电子计算技术的发展，数控自动切割机的使用日益广泛。使用数控自动切割机下料时，无须放样，只要给出制件展开后曲线边沿的方程或一系列点的坐标，即可以编程，供数控自动切割机自动下料使用。

■ 三、常用结构表面的展开图画法

1. 斜口四棱管表面的展开

由于平面立体的表面都是平面，因此将平面立体各表面的实形求出后，依次排列在一个平面上，即可得到平面立体的表面展开图。

图 9-22（a）、（b）所示为一斜口四棱管。由于底边与水平面平行，因此水平投影反映各底边实长；由于各棱线均与底面垂直，所以正面投影也都反映各棱线的实长。由此可直接绘制出展开图，如图 9-22（c）所示。

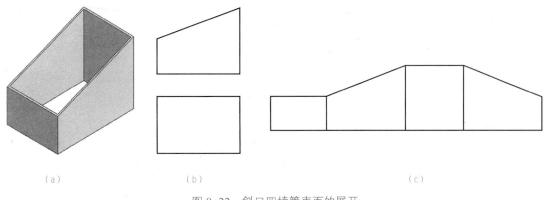

图 9-22　斜口四棱管表面的展开

（a）立体图；（b）视图；（c）展开图

2. 方漏斗表面的展开

由图 9-23（a）、（b）所示可知，方漏斗的 4 条棱线延长后不交于一点，因此该漏斗不是四棱台。该漏斗的前、后侧面是两相等的四边形侧垂面。左、右两侧面是等腰梯形的正垂面。各棱都是一般位置直线，且 $AE=DH$，$BF=CG$。

作四边形的实形时，将其用对角线划分为两个平面三角形来作图，然后用直角三角形法求出三角形各边的实长，即可绘制出展开图。值得注意的是，仅仅知道梯形的四边实长，其实形仍是不定的，因此需要把梯形的对角线长度求出来，即转化成两个三角形来处理。

作等腰梯形的实形时，也可用其上、下两底边和高的实长作图。考虑接口缝要短，展开时将接口布置在 AE 棱线上。

方漏斗的展开图作图步骤如下：

（1）将左边、前边、右边的梯形各分为两个三角形。

（2）用直角三角形法求各侧棱及对角线的实长，如图9-23（c）所示，得 $AE=DH=A_1E_1$，$DE=D_1E_1$，$AF=A_1F_1$，$BF=CG=B_1F_1$，$CF=C_1F_1$。

（3）根据求出的边长拼画出三角形，作前边、右边的梯形，后边的梯形与前边的梯形相同也可作出，最后作出左边的梯形便可得到方漏斗表面展开图，如图9-23（d）所示。

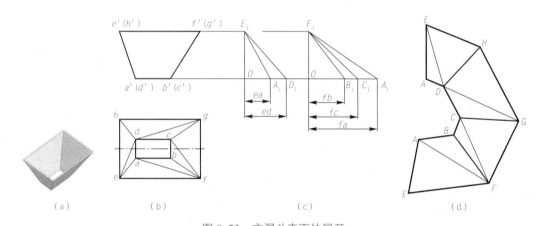

图9-23　方漏斗表面的展开

（a）立体图；（b）视图；（c）侧棱及对角线长；（d）展开图

3. 等径三通管表面的展开

在管道工程中，经常遇到各种各样的分支管。绘制这类分支管的表面展开图，首先要准确地作出两管的相贯线，然后分别绘制出各管的表面及相贯线展开图。图9-24（a）所示为等径三通管接头，它由两轴线正交的等直径的圆管组成。其表面展开作图步骤如下：

（1）求出两管的相贯线：轴线正交且等径的侧垂和铅垂圆管，其相贯线的正面投影为相交两直线，如图9-24（b）所示。

（2）分别将两管底圆周分为 n 等份（如 $n=12$），过各分点作素线。在 V 面投影上，侧垂管和铅垂管素线交点均为相贯线上点的投影 a'、b'、…。

（3）铅垂圆管展开：水平绘制出圆周长 πD。在相应素线上分别截取素线的实长，得相贯线上各点 A、B、C、D、E、F、G 在展开图上的位置。同理作出铅垂圆管后半部分相贯线上各点，用光滑曲线依次连接后，得铅垂圆管的展开图，如图9-24（c）所示。

（4）侧垂圆管展开：侧垂圆管展开图是一中间开口的，以该圆管的长 l 为一边长，以 πD（D 为圆管直径）为另一边长的矩形。在展开图上画出各等分素线，截取相应长度，得相贯线上点 A、B、C、…的展开位置。同理作出侧垂圆管后半部分相贯线上各点，用光滑曲线依次连接各点，得相贯线的展开图。它所包围的部分，就是矩形展开图的中间开口部分，如图 9-24（d）所示。

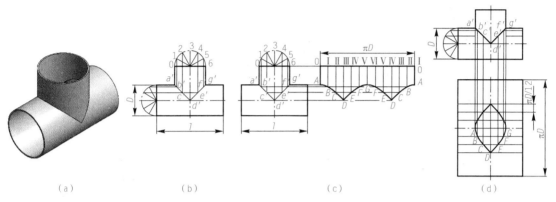

图 9-24　等径三通管表面的展开

（a）立体图；（b）求出两管的相贯线；（c）铅垂圆管展开；（d）侧垂圆管展开

4．变形接头表面的展开

工程上，在圆形管道与方形管道之间，用变形接头作为过渡连接，使通道形状逐渐变化，减少过渡处的阻力，以利于流体顺畅通过。图 9-25（a）所示是"上圆下方"过渡连接件，是手锻炉烟罩中的部件。它上接圆柱管或圆锥管，下连矩形管。该变形头是对称的，它的侧面是由 4 个等腰三角形平面和 4 个相等的倒斜圆锥面所组成的。绘制展开图时，应求出平面与圆锥面的分界线及其实长。为使变形接头内壁尽可能光滑，三角形平面应与斜圆锥面相切。划分时可在 H 面投影作 4 条线，分别平行于矩形下管口的 4 条边，并与上管口圆相切，得 4 个切点，即 Ⅰ、Ⅳ、Ⅴ、Ⅵ，如图 9-25（b）所示。

只要将 4 个切点与下管口矩形的各个顶点连起来，就可以把接头表面划分为 4 个三角形 Ⅰ AD、Ⅳ AB、Ⅴ BC、Ⅵ DC 和 4 个斜圆锥面 A Ⅰ Ⅳ、B Ⅳ Ⅴ、C Ⅴ Ⅵ、D Ⅵ Ⅰ。对于斜圆锥面可将其近似地分为若干小三角形，然后求出各个三角形的实形。表面展开的作图步骤如下：

（1）分上管口圆周为 12 等份，作出 4 条斜圆锥的素线，如图 9-25（b）所示。

（2）用直角三角形法，求斜圆锥面上 4 条素线和 1 条接口线 E Ⅰ 的实长，如图 9-25（b）所示。

（3）根据所得各边的实长，先作出 $\triangle AⅠE$ 的实形。然后依次在 $\triangle AⅠE$ 的一侧作出各斜圆锥面和三角形的展开图。整个方圆变形接头的展开图，如图 9-25（c）所示。

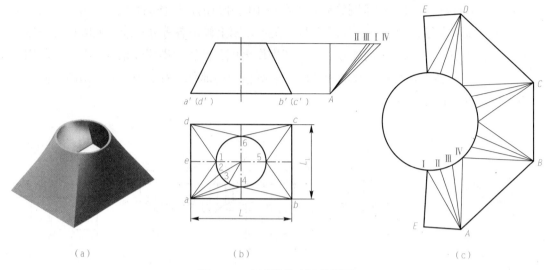

（a）　　　　　　　　　　（b）　　　　　　　　　　（c）

图 9-25　变形接头表面的展开

（a）立体图；（b）斜圆锥的素线；（c）展开图

五、正螺旋面的近似展开

用正螺旋面制成的螺旋输送机（俗称绞龙），可用作输送物品，也可用作搅拌机构，制造时需要画出螺旋面的展开图，而正螺旋面属于不可展曲面，只能用近似的方法展开。画图时，可用图解法，也可用计算法。

1. 三角形法

三角形法（图 9-26）是将正螺旋面分成若干个三角形，然后求出各个三角形的实形，依次排列绘制成展开图。作图步骤如下：

（1）将螺旋面的一圈分成 12 等份（导程也分成 12 等份），然后将各等份再一分为二，如将 *efhg* 近似地分成△ *efg* 和△ *fgh*，如图 9-26（b）所示。

（2）为求各个三角形的实形，应先求出各边的实长。如 *ef* 与 *gh* 均为水平线，水平投影反映实长，且 *ef* = *gh*。图中 *fg*、*eg*、*fh* 均为一般位置直线，可用直角三角形法求出其实长。如求 *FG* 的实长，可将 *fg* 的一边作为一直角边，*f*′、*g*′ 两端点的 z 坐标差为另一直角边，此直角三角形的斜边的长度即为 *FG* 的实长。同法也可求出 *EG*、*FH* 的实长。求得各边实长后，就可以在展开图上作出△ *EFG* 及△ *FGH*，如图 9-26（c）所示。它们合起来即为正螺旋面一圈的 1/12。

（3）其余部分的作图，可将 *EF* 及 *GH* 延长交于 *O*，以 *O* 为圆心，*OE* 及 *OF* 为半径分别作大、小两圆弧，在大圆弧上截取与 *EG* 弧长等长的另外 11 份，即得整个一圈正螺旋面的展开图，如图 9-26（c）所示。

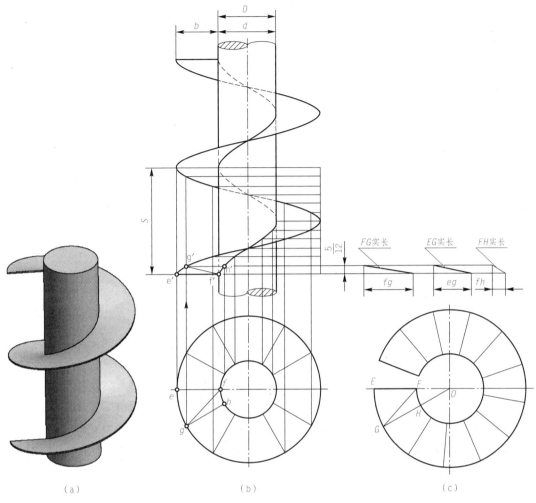

图 9-26　三角形法作正螺旋面的近似展开

（a）立体图；（b）视图和实长图；（c）展开图

2．简便展开法

如已知正螺旋面的外径 D、内径 d 和导程 S，用简便展开法，无须画螺旋面的投影，即可直接画展开图，画法如图 9-27 所示。其作图步骤如下：

（1）画内圈和外圈螺旋线展开图，如图 9-27（a）所示，求出其展开长 AD 和 AC。

（2）作直线 A_1B_1，并使 $A_1B_1=AD/2$；过 B_1 作 A_1B_1 的垂线，使 $B_1C_1=(D-d)/2$。过 C_1 作 $C_1D_1 \mathbin{/\mkern-5mu/} A_1B_1$，并使 $C_1D_1=AC/2$。连 A_1D_1 并延长与 B_1C_1 的延长线交于 O。

（3）以 O 为圆心，OC_1、OB_1 为半径画圆。在外圆上取弧长 $\overset{\frown}{B_1F}=AD$，内圆上取弧长 $\overset{\frown}{C_1E}=\overline{AC}$，连接 EF 即成，也可以螺旋面缺口的中心角 α 定形，$\alpha=\dfrac{2\pi R_1-L}{\pi R_1}$（$R_1=OB_1$，$L=AD$）。

在实际制作时，也可不剪去 α 缺口，即在 C_1B_1 处劈开后直接加工成螺旋面，这样既节约材料又能使各节焊缝均匀错开。

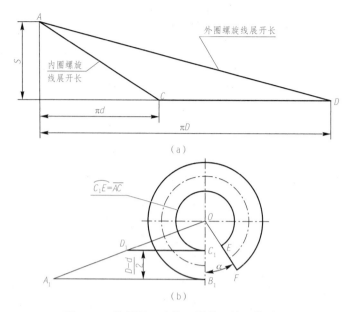

（a）

$\overset{\frown}{C_1E}=\overline{AC}$

（b）

图 9-27　简便展开法作正螺旋面的近似展开

（a）求内、外圈螺旋展开后的长度；（b）画展开图

3．计算法

正螺旋面一个导程的近似展开图为环形，如图 9-28 所示。如已知 R_1、r_1 和 α，则此环形即可画出。令导程为 P_h，螺旋面外径为 D，内径为 d，则

外螺旋线展开长 $$L=\sqrt{\left(\pi D\right)^2+P_h} \tag{9-1}$$

内螺旋线展开长 $$l=\sqrt{\left(\pi d\right)^2+P_h} \tag{9-2}$$

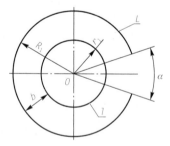

图 9-28　用计算法画正螺旋面的展开图

环形宽度 $$b=\left(D-d\right)/2 \tag{9-3}$$

外弧半径 $$R_1=r_1+b \tag{9-4}$$

令 $$\frac{R_1}{r_1}=\frac{L}{l}$$

将式（9-4）代入上式得

$$\left(r_1+b\right)l=Lr_1$$

解之得 $$r_1=bl/\left(L-l\right) \tag{9-5}$$

228

$$圆心角\alpha = \frac{2\pi R_1 - L}{2\pi R_1} \times 360° = \frac{2\pi R_1 - L}{\pi R_1} \times 180° \qquad (9-6)$$

按上述数据画展开图，就不需绘制投影图了。

■ 六、钣金件板厚的处理

前面介绍的一些工程常用结构展开图的基本画法，无论是可展的还是用近似方法展开的，都是按几何表面展开的，没有考虑板厚、接口形式、余量、何处剪开等工艺问题。在实际应用中，如钣金厚度较大、制件外形尺寸要求精确程度较高，这些因素都是必须考虑的，请参考有关钣金工下料和展开的技术资料来确定。

由图 9-29 可以看出，钢板卷成圆管时，它的外表面被拉长，内表面被压缩，中间一层不变。因此，圆口周长的展开线要用中径计算，才能保证内外径符合预定的尺寸。

方圆变形接头（图 9-25），其板厚影响：圆口在加工成形时内壁将压缩，外壁将伸长，因此应按板厚中心放样；而方口各边均为直线，加工成形时内壁收缩甚微，故应按外表面放样。照这样考虑来放样，制成的方圆变形接头才能符合相应尺寸要求。

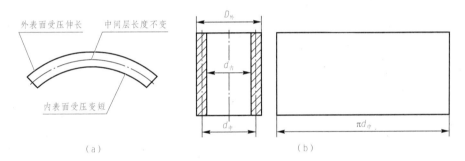

图 9-29　板厚与展开图的关系

（a）弯卷时厚板表面变化情况；（b）按中径计算画圆管的展开图

附 录

附录

参考文献

[1] 王其昌. 机械制图［M］. 北京：机械工业出版社，1996.

[2] 王守志，陈晓罗. 机械制图（航空航天类）［M］. 天津：天津大学出版社，2019.

[3] 丁一，李奇敏. 机械制图［M］. 2版. 北京：高等教育出版社，2020.

[4] 史艳红. 机械制图［M］. 北京：高等教育出版社，2012.

[5] 胡建生. 机械制图［M］. 北京：机械工业出版社，2009.

[6] 金大鹰. 机械制图［M］. 北京：机械工业出版社，2008.